高等职业教育系列教材

Bootstrap 响应式网站
开发实例教程

主编　章早立　翁业林　刘万辉

参编　殷鹏岚　支立勋　郑丽萍

机械工业出版社

在移动开发中，Bootstrap 已经成为当前流行的前端 UI 框架，本书通过大量案例和代码讲解，详细介绍了 Bootstrap 的内核开发原理，从而使读者掌握 Bootstrap 的强大功能，具备用 Bootstrap 及相关插件设计用户交互的能力。

本书共 9 章，分 3 篇，第 1 篇为 Bootstrap 基础，包括第 1、2 章，主要介绍 Bootstrap 的基础知识与开发入门等内容；第 2 篇为 Bootstrap 框架，包括第 3～8 章，主要介绍与 Bootstrap 栅格系统、Bootstrap 框架与基础布局、Bootstrap 组件设计、Bootstrap 插件设计等相关内容；第 3 篇为 Bootstrap 实战，包括第 9 章，主要介绍基于 Bootstrap 框架开发 Web 应用的过程与方法。

本书可以作为高职高专院校计算机及相关专业课程的教材，也适合负责网页前端和后端的程序人员阅读、网站的企划人员和视觉设计人员参考，还可供想学习和了解利用 Bootstrap 开发响应式网站的人员自学和参考。

本书配有课程大纲、授课计划、电子课件、案例源代码，需要的教师可登录 www.cmpedu.com 免费注册，审核通过后下载，或联系编辑索取（QQ：1239258369，电话：010-88379739）。

图书在版编目（CIP）数据

Bootstrap 响应式网站开发实例教程 / 章早立，翁业林，刘万辉主编. —北京：机械工业出版社，2020.4
高等职业教育系列教材
ISBN 978-7-111-64953-3

Ⅰ. ①B⋯　Ⅱ. ①章⋯　②翁⋯　③刘⋯　Ⅲ. ①网页制作工具-高等职业教育-教材　Ⅳ. ①TP393.092.2

中国版本图书馆 CIP 数据核字（2020）第 037644 号

机械工业出版社（北京市百万庄大街 22 号　邮政编码 100037）
策划编辑：王海霞　　责任编辑：王海霞　鹿　征
责任校对：张艳霞　　责任印制：张　博
三河市宏达印刷有限公司印刷

2020 年 5 月·第 1 版·第 1 次印刷
184mm×260mm·13.75 印张·339 千字
0001－2000 册
标准书号：ISBN 978-7-111-64953-3
定价：49.00 元

电话服务　　　　　　　　　　　　网络服务
客服电话：010-88361066　　　　机 工 官 网：www.cmpbook.com
　　　　　010-88379833　　　　机 工 官 博：weibo.com/cmp1952
　　　　　010-68326294　　　　金 书 网：www.golden-book.com
封底无防伪标均为盗版　　　机工教育服务网：www.cmpedu.com

前　言

在移动开发中，Bootstrap 已经成为当前流行的前端 UI 框架，本书通过大量案例和代码，详细介绍了 Bootstrap 的内核开发原理，从而使读者掌握 Bootstrap 的强大功能，具备用 Bootstrap 及相关插件设计用户交互的能力。

本书以培养职业能力为核心，以工作实践为主线，以真实项目贯穿整个过程，基于现代职业教育课程体系构建模块化教学内容，以大量的项目案例为载体，详细介绍 Web 前端工程师岗位技能相关知识。

本书共 9 章，共分为 3 篇。第 1 篇为 Bootstrap 基础，包括第 1、2 章，主要介绍 Bootstrap 的基础知识与开发入门等内容；第 2 篇为 Bootstrap 框架，包括第 3～8 章，主要介绍与 Bootstrap 栅格系统、Bootstrap 框架与基础布局、Bootstrap 组件设计、Bootstrap 插件设计等相关内容；第 3 篇为 Bootstrap 实战，包括第 9 章，主要介绍基于 Bootstrap 框架开发 Web 应用的过程与方法。

本书是机械工业出版社组织出版的"高等职业教育系列教材"之一，由章早立、翁业林、刘万辉主编，编写分工为章早立编写第 1、2、3 章，刘万辉编写第 4、5 章，殷鹏岚编写第 6 章，支立勋编写第 7 章，郑丽萍编写第 8 章，翁业林编写第 9 章。

本书配有课程大纲、授课计划、电子课件、案例源代码，需要的教师可登录 www.cmpedu.com 免费注册、审核通过后下载，或联系编辑索取（QQ：1239258369，电话：010-88379739）。

本书在编写过程中得到了江苏学文教育科技有限公司苗健总经理的指导，在此表示衷心的感谢。

由于时间仓促，书中难免存在不妥之处，恳请广大读者批评指正。

编　者

目　　录

第1篇 Bootstrap 基础

第1章 响应式网站简介

1.1 认识响应式网页布局

1.1.1 响应式网站

随着移动终端的迅猛发展，人们在移动终端浏览网页信息的时间不断增长，许多企业针对移动终端专门制作了移动版的网站，但这种方式造成了网站信息维护方面的麻烦，时间久了之后会导致 PC 端网站与移动终端网站数据不一致。另外，如果使用移动终端输入 PC 端网站的域名，网站连接成功后，网页会自动进行浏览设备的判断，导致网站重新定位到移动版网站，这就导致了输入不同网址有相同内容的情况。

为了解决这些问题，2010 年 5 月，国外著名网站设计师 Ethan Marcotte 提出了"响应式网站设计（Responsive Web Design，RWD）"的概念。响应式网站设计的理念是页面的设计与开发应当根据用户行为以及设备环境进行相应的调整和响应，如图 1-1 所示。

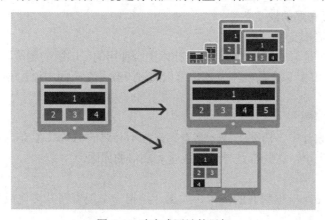

图 1-1 响应式网站的思想

响应式网站设计的核心就是通过用户输入一个网址信息，借助一套 HTML 内容、一套程序代码，结合 CSS3 媒体查询（Media Query）技术实现计算机 PC 终端、手机、iPad、微信等自适应的网页布局，具体的实现方式由多方面组成，包括弹性网格和布局、图片、CSS3 媒体查询等技术的使用。无论用户正在使用笔记本电脑还是 iPad，浏览的页面都应该能够自动切换分辨率、图片尺寸及相关脚本功能等，以适应不同设备，换句话说，就是页面应该有能力自动响应用户的设备环境。响应式网站设计就是一个网站能够兼容多个终端，而不是为每个终端做一个特定的版本，在浏览器端判断不同设备的窗口大小，让同一个网页自动运用不同的 CSS 来变化编码的配置。

1.1.2　响应式网页布局的优缺点

简单来说，要体验响应式布局，就必须有支持 HTML5 与 CSS3 的浏览器，可以使用 IE 9 以上版本以及 Chrome、Firefox、Opera、Safari 等浏览器。

1．响应式网页布局的优点

（1）对用户友好

响应式页面设计可以给用户提供友好的 Web 界面，因为它可以适应几乎所有设备的屏幕。现在移动技术发展日新月异，几乎每天都会有新款智能手机推出，拥有响应式页面设计，用户可以与网站一直保持联系，这也是响应式实现的初衷。

（2）积累分享

响应式页面设计可以让用户通过单一 URL 地址收集所有的社交分享链接，可以为创建更友好的网站而做出积极贡献。

（3）最佳化搜索引擎

响应式页面设计使得搜索引擎也变得越来越聪明，使它们足够智能，可以完成移动网站和桌面网站的连接。

（4）品牌形象一致

响应式页面设计使得同一个网站适用于各种设备，自然不需要针对不同版本来设计不同的页面视觉效果。

（5）更少维护

响应式网页不需要单独开发独立的移动网站，只需要直接使用 CSS 属性针对不同设备进行调整。

2．响应式网页布局的缺点

（1）旧版浏览器不支持

由于响应式网页是与 CSS3 的媒体查询技术配合使用的，旧版的浏览器并不支持媒体查询技术。不过，虽然 IE 8 和之前的浏览器，可以通过下载并在页面中添加css3-mediaqueries.js来解决这个问题。

（2）加载速度问题

在响应式网页设计中，需要下载一些看起来并不必要的 HTML/CSS，而且图片并没有根据设备调整到合适大小，这些都是导致加载时间加倍的原因。

（3）时间花费

开发响应式网站是一项耗时的工作，如果计划把一个现有网站转化成响应式网站，可能耗时更多。

（4）小尺寸屏幕不适合显示复杂的功能界面

响应式网页设计不需考虑在不同设备上的运行，为了让响应式网页适合不同的浏览设备，在功能上必须有所取舍。响应式网页属于网站对应的网页，并非常用的 App，若是想要实现一些复杂功能，例如拍照、文件传输等，仍然需要开发合适的App。

1.1.3　响应式设计概念

响应式设计概念是基于流式布局（自适应布局）、流式图像（自适应图像）、流式表格（自适应表格）、流式视频（自适应视频）和媒体查询等技术的组合，以显示一个非固定尺寸的网页状态。以往固定宽度的网页布局是无法在如今多变且未知的设备中呈现最佳浏览体验的。

响应式设计的核心是流式网格（Fluid Grids）、媒体查询、流式图像（Fluid Images）。

1．流式网格

流式网格是将网页元素以各种大小方格来进行网页版面的布局设计，使之能按照浏览器的大小自由缩放网页元素。

在响应式页面设计的布局中，不再以像素（px）作为唯一的单位，改为采用百分比或者混合百分比、像素为单位，以便设计出更灵活的内容布局。

2．媒体查询

媒体查询是 CSS3 的技术，是从 CSS2 的 Media Type 延伸而来的，在特定环境下借助查询到的各种属性值（比如设备类型、分辨率、屏幕尺寸及颜色）来决定给予网页什么样的内容样式。

3．流式图像

伴随着流式网格的弹性和自适应性，图像作为重要的信息形式之一，也必须有更为灵活的方式去适应网页布局的变化。

1.1.4 认识视口

视口（Viewport）的作用是告诉浏览器目前设备有多宽或多高，在用户通过不同设备浏览网站时可以作为缩放的基准比例。若网站中少了此段语句，则无论响应式网页做得多漂亮、多丰富，在移动设备中网页都会以高分辨率的模式来显示，这时用户就必须通过放大或缩小的操作来阅读网页。

使用视口可以根据设备的显示区域来展示 HTML 文件，可以放大或缩小页面，以符合设备的可视化区域，通常会有初始值缩放的级别或其他规则。具体使用时，需要在网站的 head 区域使用 meta 标签加载视口屏幕分辨率设置的语句，使用 meta 标签时，在 content 中写属性，用逗号隔开，具体如下。

```
<meta name="viewport" content="width=device-width,initial-scale=1.0,maximum-scale=1.0,user-scalable=no;" />
```

在视口设置中，content 中的属性名及其含义如表 1-1 所示。

表 1-1　content 中的属性名及其含义

属 性 名	备 注
width	设置 layout viewport 的宽度，为一个正整数，使用字符串"device- width"表示设备宽度
height	设置 layout viewport 的高度，这个属性并不重要，很少使用
initial-scale	设置页面的初始缩放值，为一个数字，可以带小数
minimum-scale	允许使用的最小缩放值，为一个数字，可以带小数
maximum-scale	允许使用的最大缩放值，为一个数字，可以带小数
user-scalable	是否允许用户进行缩放，值为"no"或"yes"，no 代表不允许，yes 代表允许

1.2 流式网格

流式网格是由两种技术组合而成的，一种是网页元素采用网格设计（Grid Design），另外一种是网页元素采用按照窗口大小缩放的流式布局（Liquid Layout）。

1.2.1 网格设计

响应式网页设计一开始会先使用网格设计来配置各个元素，并在确定各元素位置之后将最初的 px 单位修改为百分比单位，从而实现根据视口大小自动调整成适当的版面。除了设置百分比单位之外，还需要设置宽度的最大值与最小值，当宽度超过或低于某个限制值时可以固定版式，例如超过最大值后就固定为水平居中，两边留白。

在设计过程中，会使用<div>元素进行排版，实现方式主要有 float 和 display：inline-block 两种方式。

1．float（浮动）

如果使用 float 方式实现 4 个元素的浮动，当足够宽时，4 个元素就会从左至右依次排列，如图 1-2a 所示；当外围宽度不断缩小时，页面也会发生变化，如图 1-2b、c、d 所示。

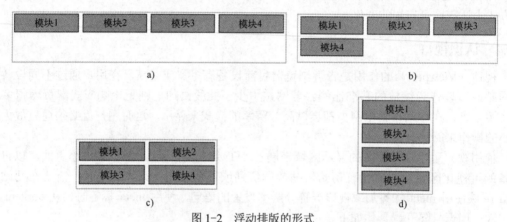

图 1-2　浮动排版的形式

a) 宽度大于 4 个元素总宽度的状态　　b) 宽度大于 3 个元素宽度又小于 4 个元素宽度的状态

c) 宽度大于 2 个元素宽度又小于 3 个元素宽度的状态　　d) 宽度大于 1 个元素宽度又小于 2 个元素宽度的状态

使用 float:left 布局的原理就是将元素浮动靠左排列，当超过容器最大宽度后，元素会自动挤到下一行。

2．display：inline-block

除了 float 方式外，也可以使用 display:inline-block 实现从左向右排列，只要把原本的 float:left 换成 display:inline-block 即可，同时也可以通过指定 text-algin 来指定文字的排列状态。

其实，float:left 和 display:inline-block 各有优缺点，当 float 宽度不够时，区块会自动进入下一行，可能会与其他元素重叠，不过可以用 clear 来消除 float 的重叠；display:inline-block 不存在这个问题，但是运行方式会比较像文字，像靠右、靠左对齐都是用 text-align:left/right，但基本上区块还是以从左到右的"顺序"进行显示。

1.2.2 流式布局

第二种实现网格设计的技术是流式布局，主要就是通过把原本的 px 单位改成百分比单位来制作版面，使呈现的区块尺寸根据浏览器的状态进行动态调整，而不是以固定尺寸显示，参考语句如下。

```
div{
width: 400px;
/*px 单位修改为%*/
width:40%;
}
```

在刚开始设计版面的时候用百分比单位来制作是有难度的，通常都是先使用固定的尺寸（px）来制作页面，规划完版面后再转换成相对比例（%）。

以"width: 400px;"为例，假设父元素的宽度为 1000px，则使用百分比单位后代码应修改为"width:40%;"。

1.3 媒体查询实现响应式布局

1.3.1 媒体查询基础

CSS3 中的媒体查询是响应式网页设计的主要核心技术之一，简单地说就是让不同的浏览设备去运用符合该设备浏览尺寸的 CSS 内容，所运用的尺寸称为"断点"，断点的设置主要针对手机、平板计算机、计算机 3 种浏览设备。断点设置方案主要依据一些固定的宽度进行划分，例如 480px 适合手机，768px 适合 iPad，1024px 适合中等屏幕及传统计算机浏览器，1200px 适合大桌面显示器及计算机浏览器，如图 1-3 所示。这种方案可以让当前的主流设备完美地显示网页。

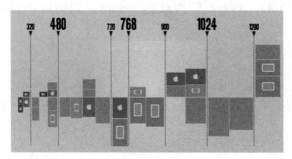

图 1-3 媒体查询的常见设备断点

断点规划的最佳做法是先从较小的设备开始选择主要断点，之后再处理较大的设备；先设计符合小屏幕的内容，接着将屏幕放大，等到画面开始走样的时候再设置断点。另外，还可以采用此法根据内容将断点优化，只需要保留最少的断点即可。

【实例 1-1】 媒体查询实例，代码如下。

```
<!DOCTYPE html>
<html>
    <head>
        <meta charset="UTF-8">
        <meta name="viewport" content="width=device-width, initial-scale=1.0" />
```

```
<title>媒体查询实例</title>
<style type="text/css">
        @media screen and (min-width: 1200px) {
            body{background-color: orange;}
        }
        @media screen and (min-width: 1024px) and (max-width: 1199px) {
            body{background-color: red;}
        }
        @media screen and (min-width: 768px) and (max-width: 1023px) {
            body{background-color: blue;}
        }
        @media screen and (min-width: 480px) and (max-width: 767px) {
            body{background-color: yellow;}
        }
        @media screen and (max-width: 479px) {
            body{background-color: green;}
        }
    </style>
</head>
<body>
</body>
</html>
```

本实例通过媒体查询判断屏幕的宽度，使页面自适应调整背景颜色，当小于 479px 时为绿色（green）；当宽度为 480～767px 时为黄色（yellow）；当宽度为 768～1023px 时为蓝色（blue）；当宽度为 1024～1199px 时为红色（red）；当宽度在 1200px 以上时为橙色（orange）。

1.3.2 使用方法

媒体查询的使用方式有如下两种。

1）在 CSS 文件中， @media 用来判断用户设备的屏幕宽度，以确定选择加载哪一段 CSS。

例如如下代码。

```
@media screen and (max-width:767px){ body{ background-color: red; }}
```

这段代码说明当屏幕宽度小于 768px 时，body 运行 "background-color: red;"，也就是页面背景为红色；当超出 768px 后，页面背景为默认的白色。

2）在 HTML 文件中，media 属性用判断用户设备的屏幕宽度，以确定选择加载哪一个 CSS 文件。

例如：

```
<link rel="stylesheet" media="screen and (max-width:767px)" href="style1.css" />
```

这段代码说明当屏幕宽度小于 768px 时，运行 "style1.css" 样式文件。

1.3.3　设置方式

媒体查询的设置方式如下。

@media mediatype and (media feature){CSS 设置}

本示例语句分为媒体类别（mediatype）、判断条件（and | not | only）、媒体特性（media feature）3 部分。

例如：

@media screen and (min-width:480px){ body{ background-color: green; }}
@media screen and (min-width:768px){ body{ background-color: blue; }}
@media screen and (min-width:1024px){ body{ background-color: red; }}

这段代码说明，当屏幕宽度在 1024px 以上时，背景颜色为红色；当屏幕宽度在 768px 以上时，背景为蓝色；当屏幕宽度在 480px 以上时，背景为绿色；当屏幕宽度小于 480px 时，背景为默认白色。

1.3.4　媒体类型

媒体类型用来指定运用的对象，响应式网页一般都是根据屏幕大小来调整版式，因此设置为"screen"。常用媒体类型及说明如表 1-2 所示。

表 1-2　常用媒体类型及说明

媒体类型	兼容性	简介
all	所有浏览器	用于所有媒体设备类型
screen	所有浏览器	用于计算机显示器
aural	Opera	用于语音和音乐合成器
braille	Opera	用于触觉反馈设备（例如盲文阅读器）
handheld	Chrome、Safari、Opera	用于小型或手持设备
print	所有浏览器	用于打印机
projection	Opera	用于投影图像，如幻灯片
tv	Opera	用于电视类设备
embossed	Opera	用于凸点字符（盲文）印刷设备

1.3.5　判断条件

媒体查询语句中可加入"and""not""only"关键词进行相关的条件判断。

1. and 的使用方法

（1）单一条件成立

例如：

@media screen and (min-width:480px){ body{ background-color: green; }}

这段代码表示当屏幕宽度为 480px 以上时，网页背景颜色为绿色（green）。

（2）同时符合两种条件

例如：

```
@media screen and (min-width:768px) and (max-width1023px){
body{ background-color: blue; }
}
```

这段代码表示当屏幕宽度在 768～1023px 间时，网页背景颜色为蓝色（blue）。

（3）两种条件符合其一

例如：

```
@media screen and (color),projection and (color){ body{ font-size: 2em; } }
```

这段代码表示当屏幕为彩色屏幕或彩色投影仪时，页面中的字体为 2em。

2．not 的使用方法

not 用来排除某些设备的样式，假设希望这个样式只在 A 设备起作用，而在 B 设备完全不起作用，就可以使用 not。

例如：

```
@media screen and (color),not print and (color){ body{ font-size: 2em; } }
```

这段代码表示彩色屏幕页面中的字体为 2em，而打印机不会使用这个样式。

3．only 的使用方法

only 用来指定某种特定的媒体类型，很多时候是用来对那些不支持媒体特性但却支持媒体类型的设备指定媒体类型。

例如：

```
@media only screen and (min-width:768px) and (max-width1023px){
body{ background-color: blue; }
}
```

这段代码表示"只有"当屏幕宽度在 768～1023px 间时，网页背景颜色为蓝色（blue）。

1.3.6　媒体特征

媒体特征是媒体查询中的条件类型可以设置的属性，如表 1-3 所示。

表 1-3　媒体特征及说明

属　　性	说　　明
width	浏览器宽度，设置单位 px、mm、em 等值
height	浏览器高度，设置单位 px、mm、em 等值
min-width	最小浏览器宽度，设置单位 px、mm、em 等值
min-height	最小浏览器高度，设置单位 px、mm、em 等值
max-width	最大浏览器宽度，设置单位 px、mm、em 等值
max-height	最大浏览器高度，设置单位 px、mm、em 等值
device-width	设备屏幕分辨率的宽度值，设置单位 px、mm、em 等值
device-height	设备屏幕分辨率的高度值，设置单位 px、mm、em 等值
min-device-width	最小设备屏幕宽度，设置单位 px、mm、em 等值
min-device-height	最小设备屏幕高度，设置单位 px、mm、em 等值

属　　性	说　　明
max-device-width	最大设备屏幕宽度，设置单位 px、mm、em 等值
max-device-height	最大设备屏幕高度，设置单位 px、mm、em 等值
orientation	浏览器窗口的方向是纵向还是横向。当窗口的高度值大于等于宽度时，该特性值为竖向 portrait，否则为横向 landscape
device-aspect-ratio	定义输出设备中的页面可见区域宽度与高度的比率

1.4　响应式布局中的图像与字体

1.4.1　流式图像

响应式网页中的图像能根据画面的大小自动缩放，称为流式图像（Fluid Image），也叫自适应图像。流式图像与流式网格的理念是相同的，主要是把 px 单位修改为百分比单位，实现按照画面或者父元素的宽度进行缩放。

响应式网页中，图像的显示方式主要有两种，一种为<img>标签，另一种就是用 CSS 的背景图。

在网页中插入一个<img>标签，只需将 width 或 height 其中一个尺寸设置为%，将另外一个设置为 auto，即可实现图像的自适应。

【实例 1-2】　应用流式自适应图像，代码如下。

```
<!DOCTYPE html>
<html>
    <head>
        <meta charset="UTF-8">
        <meta name="viewport" content="width=device-width, initial-scale=1.0" />
        <title>自适应图像</title>
        <style type="text/css">
            .img-responsive{
                display: inline-block;
                width: 100%;
                height: auto;
                max-width: 1200px;
            }
        </style>
    </head>
    <body>
        <img class="img-responsive" src="imges/yx.png"/>
    </body>
</html>
```

运行代码，可以看到图像的自适应效果。在上述代码中，使用"max-width: 1200px;"来设置显示图像的最大宽度，这样可以防止图像被放到过大导致模糊不清。

如果要使用背景图的方式来实现图像的自适应，使背景图像随着父元素放大后仍能布满背景，可以截去部分背景图像。例如要实现父元素高度固定，而宽度自适应，可以借助于

background-size 属性来设置，设置其值为"cover"即可。

1.4.2　字体使用

为了使响应式网页中的文字也能够随屏幕的大小进行缩放，字体的单位必须设置为百分比，以支持动态的网页内容，借助自适应图像的实现方式，将字体的单位 px 修改为 em 或者%即可。

px（像素）是相对长度单位，是相对于不同设备（Pad/Phone/PC）显示屏分辨率而言的。1em 指的是一个字体的大小，浏览器的默认字体大小都是 16px，也就是 1em=16px。px相对于屏幕分辨率，而 em 相对于父级 div，所以在响应式网页布局中使用 em 更合适，因为任何浏览器默认字体大小是固定的，而不同设备显示屏幕分辨率却各不相同。em 有两个特点，一是 em 的值并不是固定的；二是 em 会继承父元素的字体大小。

1.5　案例：体验响应式布局中的图像与字体

1.5.1　案例展示

本例将使用响应式布局的思维方式，使用 HTML5 的结构元素定义 5 个盒子，当浏览器窗口尺寸不同时，页面会根据当前窗口的大小选择使用不同的样式，页面效果如图 1-4 所示。

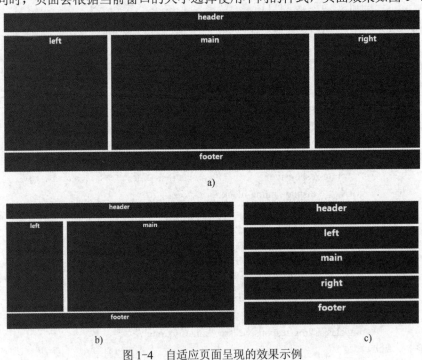

图 1-4　自适应页面呈现的效果示例

a）屏幕宽度在 1200px 之上时的效果

b）屏幕宽度在 768～1119px 之间时的效果　c）屏幕宽度低于 768px 时的效果

1.5.2　案例分析

根据页面效果分析，可以看出页面一共定义了 5 个 div 容器，媒体查询中的断点设置语句如下。

```
@media screen and (min-width: 1200px) {CSS 语句}
@media screen and (min-width: 768px) and (max-width: 1199px) {CSS 语句}
@media screen and (max-width: 767px) {CSS 语句}
```

当窗口宽度在 1200px 以上时，页头和页脚分别在页面的最上方和最下方整行显示，中间主体分为 3 列显示。

当屏幕宽度在 768px 以上、1199px 以下时，中间的第 3 列隐藏。

当屏幕宽度在 768px 以下时，5 个区块从上往下排列显示。在窗口大小各自不同的子样式区域中，可以继承全局的样式，只要重新设置需要改变的样式即可。

另外，有一些次要的区块内容为了页面摆放合适，可以隐藏它。例如，在屏幕宽度在 768～1199px 之间时，可以设置页面右侧布局的页面元素的 display 属性值为 none，将其隐藏。

1.5.3　案例实现

本项目主要分 3 步来实现案例页面效果。

1．编写页面 HTML 代码

首先在 head 区域添加 viewport 代码，具体如下。

```
<meta name="viewport" content="width=device-width, initial-scale=1.0" />
```

然后在 body 区域编写 HTML 的基本结构代码，具体如下。

```
<body>
    <div id="header">header</div>
    <div id="left">left</div>
    <div id="main">main</div>
    <div id="right">right</div>
    <div id="footer">footer</div>
</body>
```

2．依据页面 HTML 元素编写基本 CSS 代码

例如如下代码，依据 HTML 元素的基本页面效果设置元素的背景颜色、字体颜色、字体样式及默认高度等。

```
#header,#main,#left,#right,#footer {
    background-color: #333333;
    color: #ffffff;
    font:bold 20px "微软雅黑";
    text-align: center;
    border: 1px solid white;
    box-sizing: border-box;
}
#header,#footer { height: 50px;}
#left,#main,#right{height: 300px;}
```

3．依据媒体查询编写响应式网页代码

依据媒体查询的原理编写响应式网页代码，如下。

```
@media screen and (min-width: 1200px) {
    #left {float: left;width: 25%;}
    #main{float: left;width: 50%;}
    #right {float: right;width: 25%;}
    #footer {clear: both;}
}
@media screen and (min-width: 768px) and (max-width: 1199px) {
    #left{float: left;width: 25%;}
    #main{float: right;width: 75%;}
    #right {display: none;}
    #footer {clear: both;}
}
@media screen and (max-width: 767px) {
    #header,#main,#left,#right,#footer {height: 50px;}
}
```

1.5.4　案例拓展

响应式网页设计中需要注意如下几个优化技巧。

1．每屏完成一项任务

在针对移动设备进行设计时，应尽量安排每屏完成一项任务。尽管现在的手机设计越来越贴近大屏幕，每屏只完成一项任务也是很有必要的。这是因为在移动设备上，用户已经习惯了同时执行多项任务，也许他们在浏览网站的同时正和朋友聊天，这决定了移动端网站的界面必须保持简单直观，否则用户无法快速获取信息，无法完成与网站的交互。所以，应确保每屏的所有文本、图片、视频等元素都是聚焦于一点的，指向于某个特定任务，比如点击行为召唤按钮。这个技巧听上去可能很简单，但操作起来却是有很大难度的。

2．精简优化导航体系

用户能否沿着设计者想要的方向前进，会不会点击特定的按钮，这都取决于网站导航体系。一般而言，在大屏幕的计算机端，网站的导航菜单可以承载多个层级、十多个不同的菜单项；但是在移动端上，基于屏幕大小的限制，以及用户可能有的时间和耐心，导航体系最好清晰明了、足够精简。这意味着设计者只需要确定几个核心的导航菜单项，这可以从分析移动用户的相关数据着手："最受用户欢迎的是哪几个页面？这些页面是网站的核心内容所在吗？设计者还希望用户点击哪些内容？"解决了这几个问题，网站的核心导航条目就基本确定了，这样一来精简移动端导航体系也会容易得多。

3．精简网站内容

当设计移动端的页面时，网站上的内容也需要删繁就简，这不仅能够让网站内容更快为用户所获取，还可以方便搜索引擎抓取，提高搜索引擎对网站的好感度。例如，计算机端网站的主页需要放置 3 张大图做幻灯片用，而移动端上可能只需要选择一张最重要的图片就好了。还有，在移动网站上应选择尺寸更加合理的图片，也要学会放弃一些不匹配移动端需求的 Javascript 动态效果。

4．增大文本字号

小屏幕并不意味着小文本。换句话说，正是因为屏幕变小了，网站文本的字体字号更应该适当增大，这样文本内容的可读性才会更高，网站的整体阅读体验才能有所提升。在移动端网站应该使用多大的字体，需要网站设计者根据实际情况确定。不过，通常来说，移动端文本每行的字数应该是 PC 端的一半左右。

5．图片的处理技巧

例如，在移动端上查看轮播幻灯片效果的时候，导航栏应尽量隐藏起来，需要的时候再显现。诸如左右切换按钮和标明浏览位置的圆点最好是在光标移动上去之后再显示，这样的设计不仅可以避免用户分心，而且能避免内容和导航元素之间的冲突，降低整体设计的混乱感。

避免使用大量肖像类图片，如果设计的图片库类似于网格布局，应尽量挑选横向或者方形的图片。这样的设计在兼容计算机端设计的同时，还可以让用户在小屏幕上更好地查看。肖像类的图片在手机屏幕上适合纵向浏览，如果横过来，图片会显得特别小，浏览会相当不方便，这种情况下，使用方形的图片会是很好的兼容性方案。响应式的图片库的设计需要考虑多种因素，请务必牢记用户的不同浏览场景。

在移动端上，手势操作触摸屏几乎已成为用户的本能。所以，在设计响应式图片库的时候，滑动等手势操作赋予了用户更多的权力，让体验更好。在移动设备上使用箭头导航太过于乏味、陈旧，反而手势交互更加自然，也更符合真实的交互体验。

Lightbox 灯箱效果大概是计算机端网页上最常见的图片浏览模式，图片以弹出框的形式呈现，能随着屏幕尺寸和鼠标操作缩放。在产品展示页面当中，这种图片浏览模式的使用尤其广泛和频繁，但是在移动端上可能会引起大量用户体验方面的问题，例如盖住其他交互控件、无法退出、尺寸不合适等。

1.6　习题与项目实践

1．选择题

（1）代码"<link rel="stylesheet" type="text/css" media="screen" href="xxx.css" />"中，media 指定的属性就是设备，其中 screen 指的是（　　）。

    A．显示器　　　　B．打印机　　　　C．电视　　　　D．投影仪

（2）overflow 的默认选项是（　　）。

    A．auto　　　　B．hidden　　　　C．visible　　　　D．scroll

（3）一个 div 元素设置宽度为 400px，高度为 100px，边框为红色。添加（　　）代码能实现 div 元素居中对齐。

    A．text-align:center;　　　　　　　　B．margin:0 auto;

    C．vertical-align:middle;　　　　　　D．left:50%;right:50%;

（4）代码"<link rel="stylesheet" media="screen and (max-width:960px)" href="style1.css" />"正确的含义是（　　）。

    A．当屏幕宽度小于 960px 时，运行"style1.css"样式文件

    B．当屏幕宽度等于 960px 时，运行"style1.css"样式文件

    C．当屏幕宽度大于 960px 时，运行"style1.css"样式文件

    D．当屏幕宽度大于或等于 960px 时，运行"style1.css"样式文件

2．实践项目——使用媒体查询

一个页面布局为上下结构，顶部栏宽度为 100%，高度为 200px；下部分为左右结构，左侧栏宽度为 100px，右侧栏宽度自适应响应，如图 1-5 所示，请写出具体的 HTML 和 CSS 代码。

当浏览器的宽度减少到 768px 以下时，顶部栏的高度变为 50px，左侧栏消失，右侧栏宽度变为 100%，如图 1-6 所示，请写出具体的 CSS 代码。

图 1-5　原始页面效果　　　　　　　　图 1-6　低于 768px 的页面呈现效果

第 2 章　Bootstrap 概述

2.1　Bootstrap 简介

2.1.1　初识 Bootstrap

Bootstrap 是一个用于快速开发 Web 应用程序和网站的前端框架，是目前最受欢迎的前端框架之一。在 Bootstrap 之前，每位网页设计师对于版面的布局都有不同的排版方式，布局的命名也有所不同。除了版面布局之外，还有版面上的各种元素，如表格、列表、窗体、表单等的排版，都会使 CSS 样式文件变得非常庞大且复杂，这样很容易导致不一致，增加维护的负担。

Bootstrap 是由 Twitter 公司的 Mark Otto 和 Jacob Thornton 开发的，是一个基于 HTML、CSS、JavaScript 的技术框架，符合 HTML、CSS 规范，且代码简洁、视觉优美。该框架设计时尚、直观、强大，可用于快速、简单地构建网页或网站。

Bootstrap 目前常用的版本是 Bootstrap 3，最新版本是 Bootstrap 4，其颇受关注的亮点如下。

- Bootstrap 4 的栅格系统由 4 个类定义了 5 类，具体包括特小设备（<576px）、平板（≥576px）、桌面显示器（≥768px）、大桌面显示器（≥992px）、超大桌面显示器（≥1200px）。
- Bootstrap 4 使用弹性盒（flexbox）模型来布局，而不是使用浮动（float）来布局，弹性盒子更适合响应式的设计。
- Bootstrap 4 所有文档以 Markdown 格式重写，添加了一些方便的插件组织示例和代码片段，文档使用起来更方便。
- Bootstrap 4 放弃对 IE 8 的支持，使用 rem 和 em 代替 px 单位，更适合做响应式布局和控制组件大小。
- Bootstrap 4 全面引入 ECMAScript 6 新特性重写了所有插件。
- Bootstrap 4 的源码是采用 Sass 语言编写的；Bootstrap3 的源码是采用 Less 语言编写的。

2.1.2　使用 Bootstrap 的优势

Bootstrap 包括十几个组件，如菜单、导航、警告框、弹出框等等，每个组件都很自然地结合了设计与开发，具有完整的实例文档。无论是何种技术水平、处在哪个工作流程的开发者，都可以使用 Bootstrap 快速、方便地构建自己喜欢的应用程序。

Bootstrap 引入了 12 个列栅格结构的布局理念，包含 HTML、CSS 和 JavaScript 三大部分，使得设计质量高、风格统一的网页变得十分容易。

Bootstrap 的 HTML 基于 HTML5 的最新前沿技术。它不同于古老陈旧的其他网页标准，灵活高效，简洁流畅，抛弃了那些复杂而毫无意义的标签，引入了全新的<canvas>、<audio>、<video>、<source>、<header>、<footer>、<nav>、<aside>及<article>等标签，使网页的语义性大大增加，从而使得网页不再是提供机器阅读的枯燥代码，而是可供人们欣赏的优美的作品。

Bootstrap 的 CSS 是使用 Less（Leaner Style Sheets，更薄的样式表）创建的，是新一代的动态 CSS。对设计人员来说，代码写得更少；对浏览器来说，解析更容易；对用户来说，阅读更轻松。

Bootstrap 的 JavaScript 是在使用 jQuery 框架基础上的优秀的 JavaScript，它不会使每个用户为了相似的功能在每个网站上都下载一份相同的代码，而是用一个代码库将常用的函数封装起来，供用户按需取用，用户的浏览器只需下载一份代码，便可在各个网站上使用。

Bootstrap 框架的特性如下。

- 移动设备优先：自 Bootstrap 3 起，框架包含了贯穿整个库的移动设备优先的样式。
- 浏览器支持：IE、Firefox、Google 等主流的浏览器都支持 Bootstrap。
- 响应式设计：Bootstrap 的响应式 CSS 能够自适应台式机、平板计算机和手机等设备。
- 为开发人员创建接口提供了一个简洁统一的解决方案。
- 包含了功能强大的内置组件，易于定制。
- 提供了基于 Web 的定制。
- 免费、开源。

在之前的 Bootstrap 版本中（直到 2.x），用户需要手动引用另一个 CSS，才能让整个项目友好地支持移动设备。而 Bootstrap 3 的设计目标是移动设备优先，然后才是桌面设备，它其默认的 CSS 本身就对移动设备友好支持。这实际上是一个非常及时的转变，因为现在越来越多的用户使用移动设备。为了让 Bootstrap 开发的网站对移动设备友好支持，确保适当的绘制和触屏缩放，需要在网页的 head 之中添加 viewport meta 标签，代码如下。

<meta name="viewport" content="width=device-width, initial-scale=1.0">

其中，width 属性控制设备的宽度。假设网站将被通过不同屏幕分辨率的设备浏览，那么将它设置为 device-width 可以确保它能正确呈现。代码"initial-scale=1.0"确保网页加载时以 1:1 的比例呈现，不会有任何的缩放。

在移动设备浏览器上，通过为 viewport meta 标签添加"user-scalable=no"，可以禁用其缩放（zooming）功能。

通常情况下，"maximum-scale=1.0"与"user-scalable=no"一起使用，这样，用户只需滚动屏幕，就能让网站看上去更像原生应用的感觉。

注意，这种方式并不推荐所有网站使用，还是要根据开发者自身的情况而定！

2.1.3　浏览器与设备支持

基于浏览器的兼容性现状，国内的前端工程师总是需要针对各式各样的浏览器做 CSS Hack，使用 Bootstrap 仍然无法完全避免这些额外的编码。自从 Bootstrap 3 推出以后，整个框架对于低级浏览器的兼容性更是不忍直视，所以，如果项目开发涉及 IE8、IE7，就需要好好考虑是否还要执着于 Bootstrap 3 了。

不过，如果想跟随时代潮流，而且恰巧客户也推崇更为先进的前端技术，那么

Bootstrap 3 或 4 肯定是首选方案。

Bootstrap 支持的最新版本的浏览器和平台如表 2-1 所示。

表 2-1 Bootstrap 支持的最新版本的浏览器和平台

平台	Chrome	Firefox	IE	Opera	Safari
Android	适用	适用	不适用	不适用	不适用
iOS	适用	不适用	不适用	不适用	适用
Mac OS X	适用	适用	不适用	适用	适用
Windows	适用	适用	适用	适用	不适用

2.1.4 环境搭建

1．用于生产环境的 Bootstrap 下载

Bootstrap 的安装是比较容易的，可以从网站 http://getbootstrap.com/上下载 Bootstrap 的最新版本，目前最新版本是 Bootstrap 4。如果想使用 V3 版本，可以到中文网 http://v3.bootcss.com 进行下载，如图 2-1 所示，本书使用的版本为 v3.3.7。如果要使用 V4 版本，可以到中文网 http://v4.bootcss.com 进行下载。

图 2-1 官网下载 Bootstrap

不管是使用 Bootstrap V3 还是 V4 版本，方法都是类似的。

单击"下载 Bootstrap"按钮即可跳转到下载页面，如图 2-2 所示，有 3 个选项可选择。如果处于初级使用阶段，或直接用在生产环境下，初学者可以直接单击"用于生产环境的 Bootstrap"栏下方的"下载 Bootstrap"按钮进行下载。

图 2-2 下载用于生产环境的 Bootstrap

下载成功后可以得到一个 zip 文件，解压后可以得到一个包含 css、fonts 和 js 文件夹的文件夹。

如果使用未编译的源代码，需要编译 Less 文件来生成可重用的 CSS 文件。对于 Less 文件的编译，Bootstrap 官方只支持 Recess，这是 Twitter 的基于 less.js 的 CSS 提示。

Bootstrap 中文网为 Bootstrap 专门构建了免费的 CDN（Content Delivery Network，内容分发网络）加速服务，访问速度更快，加速效果更明显，没有速度和带宽限制，永久免费。BootCDN 还对大量前端开源工具库提供了 CDN 加速服务，进入 BootCDN 主页（https://www.bootcdn.cn/）可以查看更多可用的工具库。

2．预编译版本介绍

为了更好地了解和更方便地使用 Bootstrap，本书中将使用 Bootstrap 的预编译版本。

下载 Bootstrap 的预编译版本，解压缩 zip 文件，将看到如下目录结构。

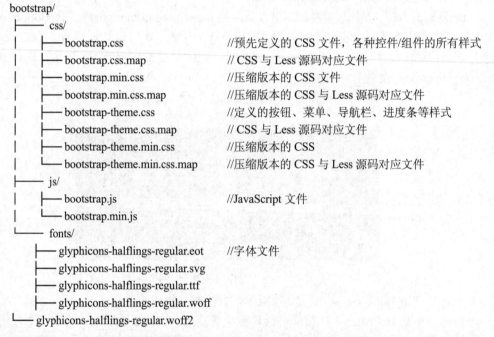

上面展示的就是 Bootstrap 的基本文件结构：预编译文件可以直接使用到任何 Web 项目中，提供了编译好的 CSS 和 JavaScript 文件，还有经过压缩的 CSS 和 JavaScript 文件；还提供了 CSS 源码对应表，可以在某些浏览器的开发工具中使用；同时还包含了来自 Glyphicons 的图标字体，附带的 Bootstrap 主题中使用到了这些图标。

3．Bootstrap 源码

Bootstrap 源码包含预先编译的 CSS、JavaScript 和图标字体文件，并且还有 Less、JavaScript 和文档的源码。

具体来说，Bootstrap 的主要文件组织结构如下。

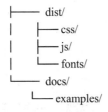

```
├───── dist/
│      ├───── css/
│      ├───── js/
│      └───── fonts/
└───── docs/
       └───── examples/
```

less/、js/和 fonts/目录中分别包含了 CSS、JavaScript 和字体图标文件的源码。dist/目录中包含了上面所说的预编译 Bootstrap 包内的所有文件，docs/包含了所有文档的源码文件，examples/目录是 Bootstrap 官方提供的实例工程。除了这些，还包含 Bootstrap 安装包的定义文件、许可证文件和编译脚本等其他文件。

2.1.5　Hello World 实例

【实例 2-1】　使用 CDN 加载 Bootstrap 的样例代码。

```html
<!DOCTYPE html>
<html>
<head>
    <meta charset="utf-8">
    <title>BootstrapCDN 实例</title>
    <!--Bootstrap 核心 CSS 样式文件-->
    <link rel="stylesheet" href="https://cdn.staticfile.org/twitter-bootstrap/3.3.7/css/bootstrap.min.css">
    <!--jQuery 的 JavaScript 文件，务必在 bootstrap.min.js 之前引入-->
    <script src="https://cdn.staticfile.org/jquery/2.1.1/jquery.min.js"></script>
    <!--Bootstrap 的核心 JavaScript 文件-->
    <script src="https://cdn.staticfile.org/twitter-bootstrap/3.3.7/js/bootstrap.min.js"></script>
</head>
<body>
    <h1>Hello, world!</h1>
</body>
</html>
```

代码运行后的效果如图 2-3a 所示，如果删除 3 行 CDN 的 Bootstrap 代码调用，运行结果如图 2-3b 所示。

a)　　　　　　　　　　　　　　　　　　　　b)

图 2-3　Bootstrap CDN 调用对比

a) 使用 CDN Bootstrap 调用的效果　b) 未使用 CDN Bootstrap 调用的效果

2.2 Bootstrap 使用基础

2.2.1 基本的 Bootstrap 使用模板

在使用 Bootstrap 时，需要在页面中引用 Bootstrap.css 样式。另外，Bootstrap 的所有 JavaScript 插件都依赖于 JQuery，因此 JQuery 必须在 Bootstrap 之前引用，即 jquery.js 必须在 Bootstrap.js 文件之前引入。

【实例 2-2】 一个使用 Bootstrap 的基本 HTML 模板。

```html
<!DOCTYPE html>
<html>
  <head>
    <title>Bootstrap 模板</title>
    <meta charset="utf-8">
    <!-- 此属性为文档兼容（Compatible）模式声明，表示使用 IE-edge 浏览器的最新渲染模式 -->
    <meta http-equiv="X-UA-Compatible" content="IE=edge">
    <!-- 设置视口宽度-->
    <meta name="viewport" content="width=device-width, initial-scale=1">
    <!-- 上述 3 个 meta 标签*必须*放在最前面，任何其他内容都*必须*跟随其后！ -->
    <!-- 引入 Bootstrap -->
    <link href="css/bootstrap.min.css" rel="stylesheet">
    <!-- HTML5 shiv 和 Respond.js 是为了让 IE8 支持 HTML5 元素和媒体查询功能 -->
    <!--[if lt IE 9]>
      <script src="html5shiv/html5shiv.min.js"></script>
      <script src="respond/respond.min.js"></script>
    <![endif]-->
    <!-- jQuery (Bootstrap 的所有 JavaScript 插件都依赖于 jQuery，所以必须放在前边) -->
    <script src="js/jquery-3.3.1.min.js"></script>
    <!-- 加载 Bootstrap 的所有 JavaScript 插件，也可以根据需要只加载单个插件-->
    <script src="js/bootstrap.min.js"></script>
  </head>
  <body>
    <!-- 使用 Bootstrap 的 "btn"和"btn-primary"类加载一个按钮 -->
    <button type="button" class="btn btn-primary">欢迎大家使用 Bootstrap</button>
  </body>
</html>
```

上述代码中，如果想在一个 HTML 文件中使用 Bootstrap，首先需要引入 bootstrap.min.css 文件，其次引入 jquery. min. js 和 bootstrap.min.js 两个 JavaScript 功能文件；其中，jquery.min.js 文件主要解决 Bootstrap 中的所有互动效果，jQuery 的下载网址为 https://jquery.com/download/。代码中还设置了 3 个<meat>标签，分别设置字符集、文档兼容模式和视口。"html5shiv.min.js"用于使低于 IE 9 版本的浏览器支持 HTML5 的元素，"respond.min.js"用于使 IE8 支持媒体查询功能。

2.2.2　设置文档类型

Bootstrap 使用了一些 HTML5 元素和 CSS 属性，为了让这些元素和属性正常工作，需要使用 HTML5 文档类型（Doctype）。因此，请在使用 Bootstrap 项目的开头包含下面的代码段。

```
<!DOCTYPE html>
<html>
...
</html>
```

如果在 Bootstrap 创建的网页开头不使用 HTML5 的文档类型，可能会面临一些浏览器显示不一致的问题，甚至可能面临一些特定情境下的不一致，以至于代码不能通过 W3C 标准的验证。

2.2.3　响应式图像

Bootstrap 提供了 3 个可对图片应用简单样式的类，分别如下。

.img-rounded：添加 border-radius:6px 获得图片圆角效果。

.img-circle：添加 border-radius:50%让整个图片变成圆形。

.img-thumbnail：添加一些内边距（padding）和一个灰色的边框。

【实例 2-3】　响应式图像使用，3 种基本的图像呈现方式。

在 Bootstrap 使用的基本 HTML 模板的基础上修改<body>标签中的 HTML 代码。

```
<body>
    <!-- 响应式图像使用 -->
    <img src="images/bootstrop.png" class="img-rounded">
    <img src="images/bootstrop.png" class="img-circle">
    <img src="images/bootstrop.png" class="img-thumbnail">
</body>
```

运行代码，结果如图 2-4 所示。

图 2-4　响应式图像使用效果示例

通过在 <img> 标签中添加.img-responsive 类可以让图片支持响应式设计，图片将很好地扩展到父元素。

.img-responsive 类可以设置"max-width: 100%;"和"height: auto;"样式，并将其应用在图片上。

【**实例 2-4**】 响应式图像使用，尝试手机端的浏览效果。

<body>元素中的 HTML 代码如下：

```
<body>
        <div class = "container">
        <!-- 响应式图像使用 -->
        <img src="images/bootstrop.png" class="img-responsive" >
    </div>
    </body>
```

运行代码，结果如图 2-5 所示，图 2-5a 是分辨率为 320 像素×400 像素时的测试结果，图 2-5b 为分辨率为 414 像素×500 像素时的测试结果。

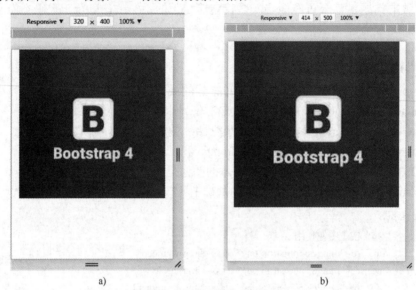

图 2-5　响应式图像使用测试

a) 分辨率为 320 像素×400 像素时的测试结果　b) 分辨率为 414 像素×500 像素时的测试结果

<img>元素的类可用于任何图片中，其相关内容与描述如表 2-2 所示。

表 2-2　img 类的相关内容与描述

类	描述
.img-rounded	为图片添加圆角（IE8 不支持）
.img-circle	将图片变为圆形（IE8 不支持）
.img-thumbnail	缩略图功能
.img-responsive	图片响应式（将很好地扩展到父元素）

2.3　案例：尝试 Bootstrap 布局企业导航区

2.3.1　案例展示

淮安蒸丞文化传媒有限公司是一家做文化活动策划、会议策划、新媒体设计与设备租赁的新公司，公司的网站导航栏要求设置网站首页、公司简介、业务范围、产品介绍、经典案例及关于我们等栏目。现根据业务需要初步设计网站首页的头部与 banner 区域，效果如图 2-6 所示。

a)

b)

图 2-6　网站响应式页面效果

a) 宽屏状态下的页面效果　b) 手机上的页面效果

2.3.2　案例分析

该页面主要由顶部的导航 nav 部分和主体 banner 区域组成，所以，本案例可基于基本的 Bootstrap 模板来完成，具体可分为 3 步。

第 1 步：基于 Bootstrap 模板创建网页基本页面。

第 2 步：依据页面效果创建 HTML 元素，并初次尝试使用 Bootstrap 的框架样式。

第 3 步：根据需要添加页面所需的样式。

2.3.3　案例实现

第 1 步：基于 Bootstrap 模板创建网页基本页面。

基于 Bootstrap 模板创建网页，删除部分注释页面，代码如下。

```
<!DOCTYPE html>
<html>
  <head>
    <title>淮安蒸丞文化传媒有限公司</title>
    <meta charset="utf-8">
    <meta http-equiv="X-UA-Compatible" content="IE=edge">
    <meta name="viewport" content="width=device-width, initial-scale=1">
```

```
        <link href="css/bootstrap.min.css" rel="stylesheet">
        <script src="js/jquery-3.3.1.min.js"></script>
        <script src="js/bootstrap.min.js"></script>
        <!--[if lt IE 9]>
          <script src="html5shiv/html5shiv.min.js"></script>
          <script src="respond/respond.min.js"></script>
        <![endif]-->
    </head>
    <body>
    </body>
</html>
```

第 2 步：创建 HTML 元素，使用 Bootstrap 的样式。

根据页面所需效果创建 HTML 元素。

```
    <body>
      <nav>
        <div>
            <div>
                <img src="images/logo.png" width="310" />
            </div>
            <div>
                <ul>
                    <li><a href="#">网站首页</a></li>
                    <li><a href="#">公司简介</a></li>
                    <li><a href="#">业务范围</a></li>
                    <li><a href="#">产品介绍</a></li>
                    <li><a href="#">经典案例</a></li>
                    <li><a href="#">关于我们</a></li>
                </ul>
            </div>
        </div>
      </nav>
      <div>
        <div>
          <img src="images/banner.jpg" width="1350"/>
        </div>
      </div>
    </body>
```

运行代码，页面效果如图 2-7 所示。

依据 HTML 元素调用 Bootstrap 的页面 CSS 样式代码，不断调试页面效果，调整后的页面代码如下。

图 2-7　HTML 页面效果

```html
<body>
    <nav class="navbar navbar-default navbar-fixed-top">
      <div class="container">
          <div class="navbar-header">
              <img src="images/logo.png" width="310" />
          </div>
          <ul class="nav navbar-nav">
              <li class="active"><a href="#">网站首页</a></li>
              <li><a href="#">公司简介</a></li>
              <li><a href="#">业务范围</a></li>
              <li><a href="#">产品介绍</a></li>
              <li><a href="#">经典案例</a></li>
              <li><a href="#">关于我们</a></li>
          </ul>
      </div>
    </nav>
    <div class="container">
      <div class="maincontent">
          <img src="images/banner.jpg" class="img-responsive" width="1350"/>
      </div>
    </div>
</body>
```

运行代码，页面效果如图 2-8 所示。

图 2-8　HTML 页面结合 Bootstrap 的 CSS 样式效果

其中导航 nav 的类使用了 navbar、navbar-default、navbar-fixed-top 这 3 个样式，navbar
是一个基本的样式效果，如图 2-9 所示；navbar-default 是一种默认的导航效果，如图 2-10
所示；navbar-fixed-top 实现导航固定在页面顶端。

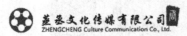

图 2-9　navbar 是一个基本的样式效果

图 2-10　navbar 与 navbar-default 的联合样式效果

第 3 步：根据需要添加页面所需的样式。

参照图 2-6 所示的页面效果进行对比，可以看到页面的内容被覆盖住了，需要调整一下
CSS 样式。

```
.maincontent{
    margin-top: 55px;
    text-align:center;
}
```

如果想将 navbar 的样式改成黑色，只需要将 navbar-default 变成 navbar-inverse，页面效
果如图 2-11 所示。

图 2-11　页面的黑色导航条效果

读者还可以尝试 navbar-brand、navbar-collapse 等其他样式的效果。

此外，图片的 img-responsive 类实现了图片的响应式展示。

2.3.4　案例拓展

该案例还可以将导航栏设置为响应式的，页面效果如图 2-12 所示。

为导航栏添加响应式，要折叠的内容必须包裹在带有.collapse、.navbar-collapse 类的
<div> 中。折叠起来的导航栏实际上是一个带有 .navbar-toggle 类和两个 data 属性元素（第
一个是 data-toggle，用于告诉 JavaScript 需要对按钮做什么；第二个是 data-target，指示要
切换到哪一个元素）的按钮，还包含 3 个带有 .icon-bar 类的 <span> 创建的所谓"汉堡"
按钮，这些会切换为包含 .nav-collapse 类的 <div>元素。为了实现以上这些功能，必须包
含 Bootstrap 折叠（Collapse）插件。具体实现代码如下。

a)

b)

图 2-12　网站响应式页面效果

a) 宽屏状态下的页面效果　b) 手机上的页面效果

```
<body>
    <nav class="navbar navbar-default" >
        <div class="container-fluid">
            <div class="navbar-header">
                <button type="button" class="navbar-toggle" data-toggle="collapse"
                        data-target="#example-navbar-collapse">
                    <span class="sr-only">切换导航</span>
                    <span class="icon-bar"></span>
                    <span class="icon-bar"></span>
                    <span class="icon-bar"></span>
                </button>
                <img src="images/logo.png" width="310" />
            </div>
            <div class="collapse navbar-collapse" id="example-navbar-collapse">
                <ul class="nav navbar-nav">
                    <li class="active"><a href="#">网站首页</a></li>
                    <li><a href="#">公司简介</a></li>
                    <li><a href="#">业务范围</a></li>
                    <li><a href="#">经典案例</a></li>
                    <li class="dropdown">
                        <a href="#" class="dropdown-toggle" data-toggle="dropdown">
                            产品介绍<b class="caret"></b>
                        </a>
                        <ul class="dropdown-menu">
                            <li><a href="#">产品展示 1</a></li>
                            <li><a href="#">产品展示 2</a></li>
                            <li><a href="#">产品展示 3</a></li>
                            <li class="divider"></li>
```

```
                    <li><a href="#">经典产品</a></li>
                    <li class="divider"></li>
                    <li><a href="#">特色产品</a></li>
                </ul>
            </li>
        </ul>
    </div>
</div>
</nav>
</body>
```

运行代码，即可实现所需要的导航效果。

2.4 习题与项目实践

1．选择题

（1）Bootstrap 中.img-rounded 类的功能是（   ）。

    A．为图片添加圆角　B．将图片变为圆形　C．缩略图功能　D．图片响应式

（2）针对 Bootstrap 框架的特性描述错误的是（   ）。

    A．Bootstrap 是以 PC 优先的设计框架

    B．IE、Firefox、Google 等主流的浏览器都支持 Bootstrap

    C．Bootstrap 的响应式 CSS 能够自适应台式机、平板计算机和手机等设备

    D．提供了基于 Web 的定制

2．实践项目——体验响应式网页效果

（1）分别使用 PC、iPad 和手机访问腾讯网（https://www.qq.com/），体验响应式页面效果，例如在手机端浏览到的网址变为了"https://xw.qq.com/?f=qqcom"。

（2）使用 Google Chrome 浏览器访问清华大学网站（https://www.tsinghua.edu.cn），按快捷键〈F12〉进入"检查"模式，体验响应式页面效果。

（3）使用 Google Chrome 浏览器访问京东网站（https://www.jd.com），按快捷键〈F12〉进入"检查"模式，能看到网址切换为了"https://m.jd.com/"。

第2篇　Bootstrap 框架

第3章　Bootstrap 栅格系统

3.1　Bootstrap 栅格系统的原理

3.1.1　栅格系统的实现原理

栅格系统的实现原理非常简单，将网页的总宽度平均分为 12 份，再调整内外边距，最后结合媒体查询，从而实现强大的响应式栅格系统。例如有名的 960Grid System（网址 https://960.gs/demo.html）就是把 960 像素宽的区块切分成 12 栏，视觉设计与网页排版时就按照所需要的大小对齐栏线，如图 3-1 所示。

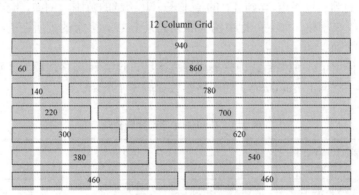

图 3-1　960Grid 样例

网站应用栅格系统后的页面效果如图 3-2 所示。

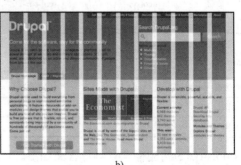

a)　　　　　　　　　　　　　　　　　　　b)

图 3-2　应用栅格系统布局网站的效果

a) 网站页面效果　b) 网站上的栅格呈现

Bootstrap 提供了一套响应式、移动设备优先的流式栅格系统，随着屏幕或视口尺寸的增加，系统会自动分为最多 12 列。它包含了易于使用的预定义类，还有强大的 mixin 用于生成更具语义的布局。栅格系统使用的总宽度可以不固定，Bootstrap 会按百分比进行平分。12 栅格系统是整个 Bootstrap 的核心功能，也是响应式设计核心理念的一个实现形式。

3.1.2　栅格系统的工作原理

栅格系统用于通过一系列的行（row）与列（column）的组合来创建页面布局，其工作原理如下。

行必须包含在 .container （固定宽度）或 .container-fluid （100% 宽度）类中，以便为其赋予合适的对齐方式（aligment）和内边距（padding）。

通过行在水平方向创建一组列。页面内容应当放置于列内，并且，只有列可以作为行的直接子元素。

行使用样式.row，列使用样式.col-*-*，内容应当放置于列内，这种预定义的类可以用来快速创建栅格布局。例如.col-md-4 就表示占 4 列宽度。

通过为列设置 padding 属性，可以创建列与列之间的间隔。通过为包含.row 类的元素设置负值 margin （-15px），可以抵消掉为.container 元素设置的 padding （15px），也就间接为行所包含的列抵消掉了 padding。

栅格系统中的列通过指定 1 到 12 的值来表示其跨越的范围。例如，4 个等宽的列可以使用 4 个.col-xs-3 来创建。如果一行中包含的列数大于 12，多余的列所在的元素将被作为一个整体另起一行排列。

Bootstrap 3 使用了 4 种栅格选项来形成栅格系统，这 4 种栅格选项的区别在于适合不同尺寸的屏幕设备，官网上 Bootstrap 3 的栅格参数如表 3-1 所示。

表 3-1　Bootstrap 3 的栅格参数

	手机等超小设备 （<768px）	平板计算机等 小型设备 （≥768px）	计算机等中型设备 （≥992px）	大型设备 （≥1200px）
网格行为	一直是水平的	以折叠开始， 断点以上是水平的	以折叠开始，断点以上 是水平的	以折叠开始， 断点以上是水平的
.container 最大容器宽度	None (Auto)	750px	970px	1170px
Class 前缀	.col-xs-	.col-sm-	.col-md-	.col-lg-
列数量和	12	12	12	12
最大列宽	Auto	~60px	~78px	~95px
间隙宽度	30px 列的两侧分别 15px	30px 列的两侧分别 15px	30px 列的两侧分别 15px	30px 列的两侧分别 15px
可嵌套	Yes	Yes	Yes	Yes
偏移量	Yes	Yes	Yes	Yes
列排序	Yes	Yes	Yes	Yes

Bootstrap 3 的栅格设置具体含义如下。

● 手机（屏幕宽度小于 768px），class 语句为.col-xs-1~.col-xs-12。

● 平板（屏幕宽度大于或等于 768px），class 语句为.col-sm-1~.col-sm-12。

● 一般计算机小型显示器（屏幕宽度大于或等于 992px），class 语句为.col-md-1~.col-md-12。

● 一般计算机大型显示器（屏幕宽度大于或等于 1200px），class 语句为.col-lg-1~.col-lg-12。

【实例 3-1】 Bootstrap 栅格系统原理演示，代码如下。

```
<div class="container">
    <div class="row">
        <div class="col-md-1">第 1 列</div>
        <div class="col-md-1">第 2 列</div>
        <div class="col-md-1">第 3 列</div>
        <div class="col-md-1">第 4 列</div>
        <div class="col-md-1">第 5 列</div>
        <div class="col-md-1">第 6 列</div>
        <div class="col-md-1">第 7 列</div>
        <div class="col-md-1">第 8 列</div>
        <div class="col-md-1">第 9 列</div>
        <div class="col-md-1">第 10 列</div>
        <div class="col-md-1">第 11 列</div>
        <div class="col-md-1">第 12 列</div>
    </div>
    <div class="row">
        <div class="col-md-8">占 8 列</div>
        <div class="col-md-4">占 4 列</div>
    </div>
    <div class="row">
        <div class="col-md-6">占 6 列一半</div>
        <div class="col-md-6">占 6 列一半</div>
    </div>
    <div class="row">
        <div class="col-md-3">占 3 列（四分之一）</div>
        <div class="col-md-3">占 3 列（四分之一）</div>
        <div class="col-md-3">占 3 列（四分之一）</div>
        <div class="col-md-3">占 3 列（四分之一）</div>
    </div>
</div>
```

运行【实例 3-1】代码，页面效果如图 3-3 所示。

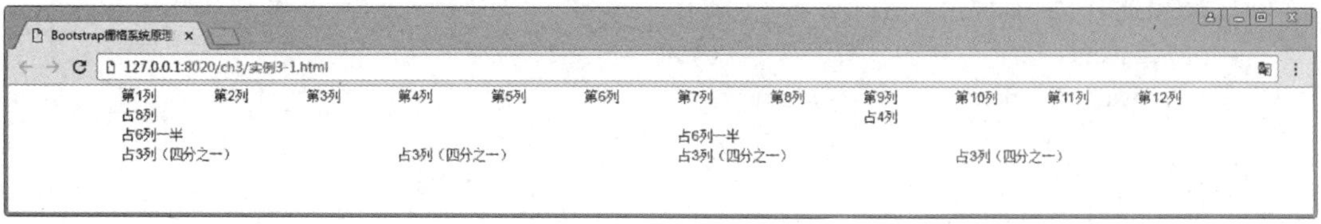

图 3-3 Bootstrap 栅格布局演示效果

通过图 3-3 可以看出，本例的 "<div class="container">" 在屏幕中水平居中，左右两侧有同等留白，.container 共包含了 4 个 "<div class="row">"。

栅格类适用于屏幕宽度大于或等于分界点大小的设备。在栅格系统中使用的各个样式类：.container 左右各有 15px 的内边距，.row 是列的容器，最多只能放入 12 个列。行左右各有-15px 的外边距，可以抵消.container 的 15px 的内边距；.column 左右各有 15px 的内容边距，可以保证内容不挨着浏览器的边缘；两个相邻的列的内容之间有 30px 的间距。

3.1.3 响应式栅格

在栅格系统中，.container 支持响应式设计，其在媒体查询样式中进行了定义。针对不同的设备，container 的宽度不同。

➢ 当屏幕宽度<768px 时，.container 使用最大宽度，效果和.container-fluid 一样。
➢ 当 768px≤屏幕宽度<992px 时，.container 的宽度为 750px。
➢ 当 992px≤屏幕宽度<1200px 时，.container 的宽度为 970px。
➢ 当屏幕宽度≥1200px 时，.container 的宽度为 1170px。

例如，运行【实例 3-1】的页面效果，拖曳改变浏览器的宽度，可以看到不同的效果。当屏幕<992px 后，所有列变成从上到下依次排列，例如在浏览器的宽度为 800px 和 600px 时呈现的效果是一样的，如图 3-4 所示。

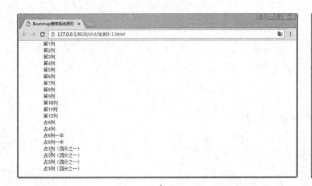 

a)   b)

图 3-4　应用栅格系统布局网站的效果

a) 屏幕宽度为 800px 时的页面效果　b) 屏幕宽度为 600px 时的页面效果

在使用.col-md-*为类名时，*号表示占了多少列的宽度，例如 col-md-3 表示该列占了 12 列中 3 列的宽度。

栅格系统是向大兼容的，打开 CSS 文件夹下 bootstrap.css 文件中的媒体查询源码如下。

```
@media (min-width: 768px) {
  .container {
    width: 750px;
  }
}
@media (min-width: 992px) {
  .container {
    width: 970px;
  }
}
@media (min-width: 1200px) {
```

```
.container {
    width: 1170px;
}
}
```

若想在不同设备上呈现一样的效果，可以针对同一行代码使用不同视口下的样式。

【实例3-2】 将【实例3-1】中的代码"<div class="col-md-1">"全部替换为"<div class="col-xs-1">"，也就是使用"xs"替换"md"。

运行【实例3-2】代码，在不同视口下可以呈现同样的效果，效果如图3-5所示。

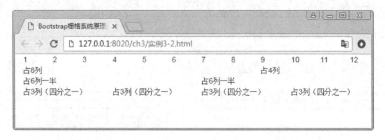

图3-5 不同视口下呈现同样的页面效果

可以针对同一元素添加不同的类来控制页面的呈现效果，进而实现响应式栅格。

例如，编写如下代码：

`<div class=" col-xs-12 col-sm-6 col-md-4 col-lg-3 ">A1</div>`

依据规则，可以实现在手机屏幕上（屏幕宽度小于768px）为水平的100%显示，在平板屏幕上（768px≤屏幕宽度<992px）时呈现每行可放置2个元素，在宽度大于或等于992px、小于1200px的计算机屏幕上（屏幕宽度<1200px）时每行放置3个元素，在计算机屏幕上（≥1200px）时每行放置4个元素。

【实例3-3】 使用清除浮动".clearfix"类结合"visible-*"类解决栅格布局中的布局错位问题。

【实例3-3】中的添加样式代码如下。

```
<style type="text/css">
    div{
        border: 1px solid #000000;
        background-color: #D4D4D4;
    }
</style>
```

【实例3-3】中的HTML代码如下。

```
<div class="container">
    <div class="row">
        <div class=" col-xs-12 col-sm-6 col-md-4 col-lg-3">A1</div>
        <div class=" col-xs-12 col-sm-6 col-md-4 col-lg-3">A1</div>
        <div class=" col-xs-12 col-sm-6 col-md-4 col-lg-3">A1</div>
        <div class=" col-xs-12 col-sm-6 col-md-4 col-lg-3">A1</div>
    </div>
</div>
```

运行【实例 3-3】代码，在不同视口下呈现的效果如图 3-6 所示。

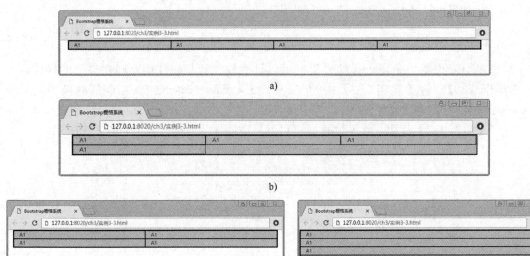

图 3-6　不同视口下呈现的页面效果

a) 1200px 以上计算机呈现　b) 992px 以上计算机呈现　c) 768px 以上平板呈现　d) 768px 以下手机呈现

注意，如果如下代码中的文字多少不同，页面将会呈现出高度不一的情况。

例如，将代码：

```
<div class=" col-xs-12 col-sm-6 col-md-4 col-lg-3">A1</div>
```

修改为

```
<div class=" col-xs-12 col-sm-6 col-md-4 col-lg-3">
A1，Bootstrap 栅格系统，当文字过多时的页面呈现效果。
</div>
```

原本的设计应该是在平板计算机状态下，为两行，每行呈现两列，各占 6 个栅格，如上修改代码后页面运行效果如图 3-7 所示。

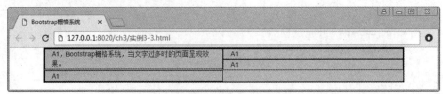

图 3-7　在平板计算机上呈现的页面效果

这样呈现的结果是出乎意料的，这主要因为<col>元素都是采用左浮动，第 1 个<div>元素的高度过高，所以第 3 个<div>元素直接漂浮到第 1 个<div>元素的右侧，而第 4 个<div>元素进入第 3 行。如果想让第 3 个和第 4 个<div>元素在一行呈现，则需要清除浮动。

解决这个问题，需要使用 Bootstrap 提供的.clearfix 样式，添加样式后的代码如下。

```
<div class="container">
    <div class="row">
        <div class="col-lg-3 col-md-4 col-sm-6 col-xs-12">A1，Bootstrap 栅格系统，当文字过多时
```

的页面呈现效果。</div>
           <div class="col-lg-3 col-md-4 col-sm-6 col-xs-12">A1</div>
           <div class="clearfix visible-sm"></div>
           <div class="col-lg-3 col-md-4 col-sm-6 col-xs-12">A1</div>
           <div class="col-lg-3 col-md-4 col-sm-6 col-xs-12">A1</div>
       </div>
     </div>

因为，只需要针对 iPad 屏幕清除浮动，所以还需要用 visible-sm 样式将其显示，页面效果如图 3-8 所示。

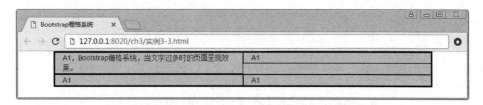

图 3-8 清除浮动后的页面效果

3.1.4 响应式实用工具

为了更快地实现对移动设备的友好支持，Bootstrap 提供了一套辅助类，使用这些工具类可以通过媒体查询技术实现内容在不同设备上的显示与隐藏。

目前，Bootstrap 提供的响应式实用工具类如表 3-2 所示。

表 3-2 响应式实用工具类

不同设备 实用工具类	超小屏幕 手机（≤768px）	小屏幕 平板（≥768px）	中等屏幕 桌面（≥992px）	大屏幕 桌面（≥1200px）
.visible-xs-*	可见	隐藏	隐藏	隐藏
.visible-sm-*	隐藏	可见	隐藏	隐藏
.visible-md-*	隐藏	隐藏	可见	隐藏
.visible-lg-*	隐藏	隐藏	隐藏	可见
.hidden-xs	隐藏	可见	可见	可见
.hidden-sm	可见	隐藏	可见	可见
.hidden-md	可见	可见	隐藏	可见
.hidden-lg	可见	可见	可见	隐藏

响应式实用工具类目前只适用于块和表切换。

【实例 3-4】 添加样式，代码如下。

```
<style type="text/css">
    div{border: 1px solid #000000;}
</style>
```

HTML 代码如下。

```
<div class="container" style="padding: 20px;">
```

```
<div class="row">
    <div class="col-xs-6 col-sm-3">
        <span class="hidden-xs">特别小型</span>
        <span class="visible-xs">✔ 在超小屏幕上可见</span>
    </div>
    <div class="col-xs-6 col-sm-3" >
        <span class="hidden-sm">小型</span>
        <span class="visible-sm">✔ 在小屏幕平板上可见</span>
    </div>
    <div class="col-xs-6 col-sm-3" >
        <span class="hidden-md">中型</span>
        <span class="visible-md">✔ 在中屏幕上可见</span>
    </div>
    <div class="col-xs-6 col-sm-3">
        <span class="hidden-lg">大型</span>
        <span class="visible-lg">✔ 在大屏幕上可见</span>
    </div>
</div>
</div>
```

运行【实例 3-4】代码，不同视口呈现的效果如图 3-9 所示。

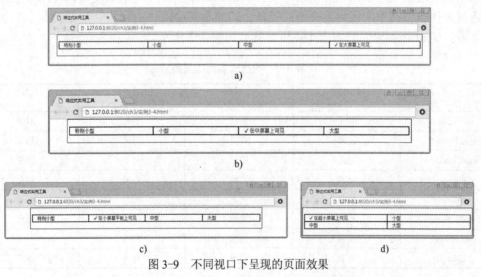

图 3-9　不同视口下呈现的页面效果

a) 1200px 以上 PC 端呈现　b) 992px 以上 PC 端呈现　c) 768px 以上平板计算机呈现　d) 768px 以下手机呈现

3.2　栅格系统的常用方法

3.2.1　移动与调整列的位置

使用 offset 系列类可以将列偏移到右侧。这些类通过使用 ".col-md-offset-*" 选择器将所有列增加了列的左侧 margin。例如，.col-md-offset-4 就是将.col-md 设备下的列向右移动了 4 个列的宽度。

offset 通过 margin-left 实现偏移，因此会对右侧列产生影响。以.col-md 设备为例，在 Bootstrap 3.3 的 CSS 源码中（bootstrap.css）可以看到如下样式集，这些样式集定义了.col-md 设备下 offset 的样式代码。

```
.col-md-offset-12 {margin-left: 100%;}
.col-md-offset-11 {margin-left: 91.66666667%;}
.col-md-offset-10 {margin-left: 83.33333333%;}
.col-md-offset-9 {margin-left: 75%;}
.col-md-offset-8 {margin-left: 66.66666667%;}
.col-md-offset-7 {margin-left: 58.33333333%;}
.col-md-offset-6 {margin-left: 50%;}
.col-md-offset-5 {margin-left: 41.66666667%;}
.col-md-offset-4 {margin-left: 33.33333333%;}
.col-md-offset-3 {margin-left: 25%;}
.col-md-offset-2 {margin-left: 16.66666667%;}
.col-md-offset-1 {margin-left: 8.33333333%;}
.col-md-offset-0 {margin-left: 0;}
```

offset 也会占据布局空间，因此设计列偏移时，必须把 offset 偏移宽度与 col 宽度进行合并计算，确保每个行中的列宽和偏移宽度之和等于或小于 12 格。

【实例 3-5】 在两个行中配合 col 和 offset 设计列宽和列偏移效果，其中第 1 行设计为第 1 列宽度为 3，第 2 列宽度为 7，偏移为 2；第 2 行设计为第 1 列和第 2 列宽度均为 3，同时向右偏移 3 格。

为了能让元素呈现清晰，这里的添加样式代码如下。

```
<style type="text/css">
 .row {
    margin-top: 5px;
    margin-bottom: 5px;
 }
 [class*="col-"] {
    border: 1px solid #000000;
    background-color: #D4D4D4;
 }
</style>
```

HTML 代码如下。

```
<div class="container">
    <div class="row">
        <div class="col-md-3">列宽 3 格</div>
        <div class="col-md-7 col-md-offset-2">col-md-7 col-md-offset-2 列宽 7 偏移 2 格</div>
    </div>
```

```
<div class="row">
    <div class="col-md-3 col-md-offset-3">列宽 3 格 偏移 3 格 col-md-3 col-md-offset-3</div>
    <div class="col-md-3 col-md-offset-3">列宽 3 格 偏移 3 格 col-md-3 col-md-offset-3</div>
</div>
</div>
```

运行【实例 3-5】代码，列偏移效果如图 3-10 所示。

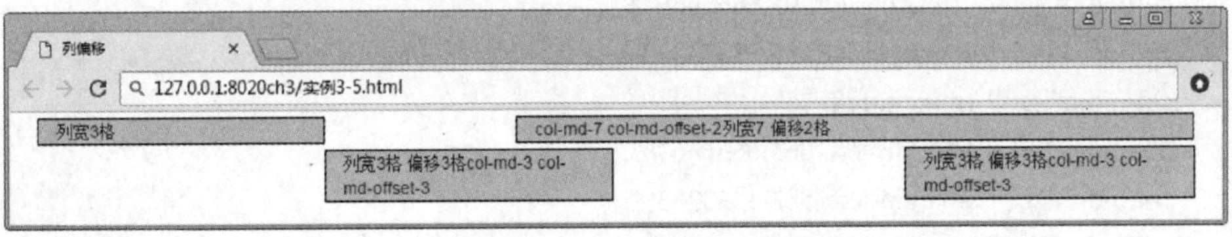

图 3-10　列偏移效果

【**实例 3-6**】　在一个行中配合 col 和 offset 设计列宽和列偏移效果，其中在手机小屏与平板计算机上时设计为 "列宽 4，列偏移 2"，在 PC 中屏与大屏上时设计为 "列宽 6，列偏移 6"。

为了能让元素呈现清晰，添加如下样式代码。

```
<style type="text/css">
.row {
    margin-top: 5px;
    margin-bottom: 5px;
}
div {
    border: 1px solid #000000;
    background-color: #D4D4D4;
}
</style>
```

HTML 代码如下。

```
<div class="container">
    <div class="row">
        <div class="col-xs-4 col-xs-offset-2 col-md-6 col-md-offset-6">
            <span class="visible-xs">手机：列宽 4，列偏移 2</span>
            <span class="visible-sm">平板计算机：列宽 4，列偏移 2</span>
            <span class="visible-md">PC 中屏： 列宽 6，列偏移 6</span>
            <span class="visible-lg">PC 大屏： 列宽 6，列偏移 6</span>
        </div>
    </div>
</div>
```

运行【实例 3-6】代码，列偏移效果如图 3-11 所示。

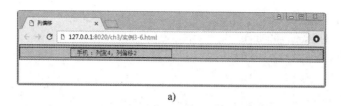

a)

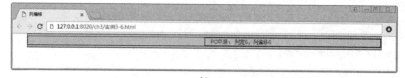

b)

图 3-11　列偏移呈现效果

a) 手机呈现效果　b) PC 中屏呈现效果

3.2.2　调整列的排序

在 Bootstrap 中，"col-xs" "col-sm" "col-md" "col-lg" 所有的列元素都使用了 "position: relative;"，列排序通过相关类 push 和 pull 实现，利用这两个系列类可以调整列的显示位置，其中 push 向右偏移，通过 left 属性定义列左侧的偏移位置；pull 向左偏移，通过 right 属性定义列右侧的偏移位置。

push 和 pull 排序方法实现很简单，以 col-md-pull-*为例，Bootstrap 3.3 的 CSS 源码中的样式如下。

```
.col-md-pull-12 {right: 100%}
.col-md-pull-11 {right: 91.66666667%}
.col-md-pull-10 {right: 83.33333333%}
.col-md-pull-9 {right: 75%}
.col-md-pull-8 {right: 66.66666667%}
.col-md-pull-7 {right: 58.33333333%}
.col-md-pull-6 {right: 50%}
.col-md-pull-5 {right: 41.66666667%}
.col-md-pull-4 {right: 33.33333333%}
.col-md-pull-3 {right: 25%}
.col-md-pull-2 {right: 16.66666667%}
.col-md-pull-1 {right: 8.33333333%}
.col-md-pull-0 {right: auto}
```

"col-md-push-*" 与 "col-md-pull-*" 不同的是，"col-md-push-*" 使用 "left 属性" 控制右移的量。

【实例 3-7】　在行中放置 3 个 div，在 PC 中屏时分别置于左列（col-md-3）、中列（col-md-6）、右列（col-md-3）；当视口缩小到平板计算机大小时，调整其位置："左列，显示在右侧" "中列，显示在左侧" "右列，显示在中间"。

添加如下样式代码。

```
<style type="text/css">
div {
```

```
        height: 100px;
        border: 1px solid #000000;
        background-color: #D4D4D4;
    }
    </style>
```

HTML 代码如下。

```
<div class="container">
    <div class="row visible-md">
        <div class="col-md-3">左列</div>
        <div class="col-md-6">中列</div>
        <div class="col-md-3">右列</div>
    </div>
    <div class="row visible-sm">
        <div class="col-sm-3 col-sm-push-9">左列，显示在右侧</div>
        <div class="col-sm-6 col-sm-pull-3">中列，显示在左侧</div>
        <div class="col-sm-3 col-sm-pull-3">右列，显示在中间</div>
    </div>
</div>
```

运行【实例 3-7】代码，列顺序调整效果如图 3-12 所示。

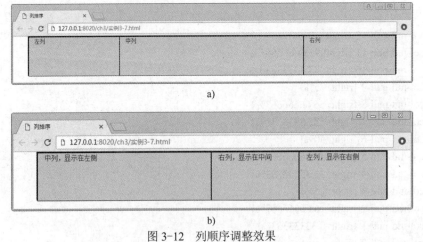

a)

b)

图 3-12 列顺序调整效果

a) 计算机中屏呈现效果 b) 平板呈现效果

3.2.3 列嵌套排版

在网页设计中，因为排版的需要，有时要在一个 div 中再加入数个 div。这样将一组新的网格内容加入原来已有的网格系统中就称为嵌套。Bootstrap 支持列嵌套，栅格系统中的多层布局提供了简单的实现方式。用户只需在嵌套的列内部新添加一行，在添加的行内继续使用栅格系统即可。

注意，内部所嵌套的行的宽度为 100%，就是当前外部列的宽度。

【实例 3-8】 实现列的嵌套排版。

添加如下样式代码。

```
<style type="text/css">
div {
    height: 100px;
    border: 1px solid #000000;
    background-color: #D4D4D4;
}
</style>
```

HTML 代码如下。

```
<div class="container">
    <div class="row">
        <div class="col-md-3">第 1 列</div>
        <div class="col-md-9">
            <div class="row">
                <div class="col-xs-6">第 2 列：嵌套 2-1</div>
                <div class="col-xs-6">第 2 列：嵌套 2-2</div>
            </div>
        </div>
    </div>
</div>
```

运行【实例 3-8】代码，列的嵌套排版效果如图 3-13 所示。

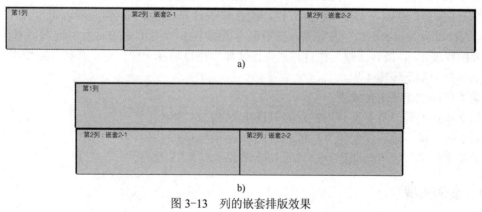

图 3-13 列的嵌套排版效果

a) PC 中屏呈现效果　b) 平板计算机上呈现效果

【实例 3-8】第 2 列 "<div class="col-md-9">" 中嵌套了一个 "<div class="row">" 元素，并在行内部嵌套了两个 "<div class="col-xs-6">"。

3.3　案例：企业内容展示页面制作

3.3.1　案例展示

淮安优博文化传播有限公司需要在主页上展示最新发布、合作伙伴和最新课程 3 个栏目。现根据需求实现的页面效果如图 3-14 所示。

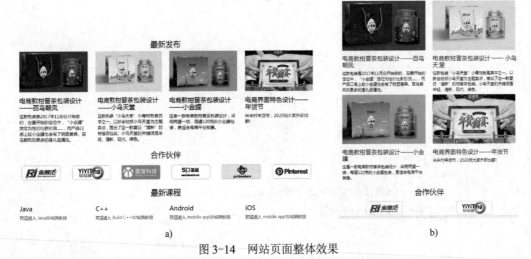

图 3-14　网站页面整体效果

a) PC 宽屏状态下的页面效果　b) 平板计算机上的页面效果

3.3.2　案例分析

本案例基于基本的 Bootstrap 基本框架，分析图 3-14 可以看出，"最新发布"栏目在 PC 端为 4 栏，而在平板计算机上为两栏，所以可以使用 4 个 "class="col-sm-6 col-md-3""来实现，在手机端页面中 4 个栏目独立成行，同时要求图片为响应式展示。

"合作伙伴"栏目在 PC 端为 6 栏，而在平板计算机上为 2 栏，所以可以使用 6 个 "class="col-sm-6 col-md-2""来实现，在手机端页面中 6 个栏目独立成行，同时要求图片为响应式图片展示。"最新课程"栏目与"合作伙伴"栏目功能一样，可以直接复制使用。

具体分为如下步骤 4 步。

第 1 步：创建基本样式表。

第 2 步：编写"最新发布"栏目的 HTML 结构与 CSS 代码。

第 3 步：编写"合作伙伴"栏目的 HTML 结构与 CSS 代码。

第 4 步：编写"最新课程"栏目的 HTML 结构与 CSS 代码。

3.3.3　案例实现

第 1 步：基于 Bootstrap 框架基础编写基本样式表。

依据基于 Bootstrap 模板创建网页的方法编写基本样式表，代码如下。

```
<style type="text/css">
    body{font-family: "微软雅黑";font-size: 16px;}
    h2{text-align: center;}
</style>
```

第 2 步：编写"最新发布"栏目的 HTML 结构与 CSS 代码。

根据页面效果的需求，先完成基本的结构设计，代码如下。

```
<div class="commodity-show">
    <div class="container">
        <div class="row">
            <div class="col-sm-12">
                <h2>最新发布</h2>
            </div>
        </div>
        <div class="row">
            <div class="col-sm-6 col-md-3"> </div>
            <div class="col-sm-6 col-md-3"> </div>
            <div class="col-sm-6 col-md-3"> </div>
            <div class="col-sm-6 col-md-3"> </div>
        </div>
    </div>
</div>
```

然后，根据页面效果的需求，给外层的<div>元素编写 CSS 类.commodity-show，代码如下。

```
.commodity-show{padding-top,padding-bottom: 20px;}
```

根据需要，使用"<div class="col-sm-6 col-md-3"> </div>"实现页面在 PC、平板计算机与手机上的栅格布局，在 PC 上呈现 4 列，在平板计算机上呈现 2 列，在手机上呈现单列。

使用"<img class="img-responsive" src="图片路径 "/>"实现图片的自适应响应展示。

根据需要，在"<div class="col-sm-6 col-md-3"> </div>"中添加"最新发布"栏目的具体内容，代码如下。

```
<div class="col-sm-6 col-md-3">
        <img class="img-responsive" src="images/shop1.jpg"  alt="茶包装设计" title="百鸟朝凤"/>
        <h3>电商款柑普茶包装设计——百鸟朝凤</h3>
        <p>这款包装是 2017 年 11 月份开始做的，在最开始的定位中，"小金罐"定位为性价比款
引流......，而产品口感上较小金罐也会有明显差异。百鸟朝凤则更多的是礼品属性。</p>
    </div>
    <div class="col-sm-6 col-md-3">
        <img class="img-responsive" src="images/shop2.jpg"  alt="茶包装设计" title="小鸟天堂"/>
        <h3>电商款柑普茶包装设计——小鸟天堂</h3>
        <p>这款包装"小鸟天堂"小青柑就是其中之一。以新会地标小鸟天堂为主题卖点，推出了
这一款夏日"清新"的柑普茶包装。小鸟天堂的关键词是年轻、清新、现代、绿色。
        </p>
    </div>
    <div class="clearfix visible-sm"></div>
     <div class="col-sm-6 col-md-3">
        <img class="img-responsive" src="images/shop3.jpg"  alt="茶包装设计" title="小金罐"/>
        <h3>电商款柑普茶包装设计——小金罐</h3>
        <p>这是一款电商款柑普茶包装设计，采用两罐一袋，每罐 120 克的小金罐包装，更适合
电商平台销售。
        </p>
    </div>
    <div class="col-sm-6 col-md-3">
```

```
        <img class="img-responsive" src="images/shop4.jpg"    alt="茶包装设计" title="年货节"/>
        <h3>电商界面特色设计——年货节</h3>
        <p>米米村年货节页面，2019 祝大家升职加薪！
        </p>
    </div>
```

完成"最新发布"栏目的内容，预览效果如图 3-15 所示。

a)   b)

图 3-15 "最新发布"栏目预览效果

a) PC 宽屏状态下的页面效果　b) 手机上的页面效果

第 3 步：编写"合作伙伴"栏目预览的 HTML 结构与 CSS 代码。

根据图 3-14 所示的页面效果，下面开始编写"合作伙伴"栏目的 HTML 和 CSS 代码。

根据需要，使用"<div class="col-sm-6 col-md-2"> </div>"实现页面 PC、平板计算机与手机上的栅格布局，在平板计算机上呈现 2 列，在手机上呈现 1 列，在 PC 上呈现 6 列。

使用"<img class="img-responsive" src="图片路径 "/>"实现图片的自适应响应展示。

基本的结构设计代码如下。

```
    <div class="commodity-show">
    <div class="container">
    <div class="row">
        <div class="col-sm-12">
            <h2>合作伙伴</h2>
        </div>
    </div>
    <div class="row logos">
        <div class="col-sm-6 col-md-2 user-logo-container">
            <img class="user-logo" src="images/logo1.jpg" />
        </div>
        <div class="col-sm-6 col-md-2 user-logo-container">
            <img class="user-logo" src="images/logo2.jpg"/>
        </div>
```

```
<div class="col-sm-6 col-md-2 user-logo-container">
    <img class="user-logo" src="images/logo3.jpg" />
</div>
<div class="col-sm-6 col-md-2 user-logo-container">
    <img class="user-logo" src="images/logo4.jpg" />
</div>
<div class="col-sm-6 col-md-2 user-logo-container">
    <img class="user-logo" src="images/logo5.jpg" />
</div>
<div class="col-sm-6 col-md-2 user-logo-container">
    <img class="user-logo" src="images/logo6.jpg"/>
</div>
    </div>
</div>
```

然后，根据页面效果的需求，给 logo 层的 div 编写 CSS 类. user-logo-container 样式和图片的 user-logo 样式，代码如下。

```
.user-logo-container{
        height: 80px;
        display: flex;
        justify-content: center;
        align-items: center;
}
.logos{padding-top,padding-bottom: 40px;}
.user-logo{
        width: 150px;
        border: 1px solid #C0C0C0;
        border-radius: 5px;
}
```

完成"合作伙伴"栏目的 HTML 和 CSS 代码，预览效果如图 3-16 所示。

a)   b)

图 3-16 "合作伙伴"栏目预览效果

a) 平板计算机上的页面效果   b) 手机上的页面效果

第 4 步：编写"最新课程"栏目的 HTML 结构与 CSS 代码。

根据图 3-14 所示的页面效果，下面开始编写"最新课程"栏目的 HTML 和 CSS 代码。

根据需要，使用"<div class="col-sm-6 col-md-3"> </div>"实现页面 PC、平板计算机与手机上的栅格布局，在平板计算机上呈现 2 列，在手机上呈现 1 列，在 PC 上呈现 4 列。

基本的结构设计代码如下。

```
<div class="commodity-show">
    <div class="container">
        <div class="row">
            <div class="col-sm-12">
                <h2>最新课程</h2>
            </div>
        </div>
        <div class="row">
            <div class="col-sm-6 col-md-3">
                <h3>Java</h3>
                <p>欢迎进入 <a href="#">Java 攻城狮教程</a></p>
            </div>
            <div class="col-sm-6 col-md-3">
                <h3>C++</h3>
                <p>欢迎进入 <a href="#">Build C++攻城狮教程</a></p>
            </div>
            <div class="col-sm-6 col-md-3">
                <h3>Android</h3>
                <p>欢迎进入 <a href="#">mobile app 攻城狮教程</a></p>
            </div>
            <div class="col-sm-6 col-md-3">
                <h3>iOS</h3>
                <p>欢迎进入 <a href="#">mobile app 攻城狮教程</a></p>
            </div>
        </div>
    </div>
</div>
```

完成"最新课程"栏目的内容，预览效果如图 3-17 所示。

最新课程			
Java	C++	Android	iOS
欢迎进入 Java攻城狮教程	欢迎进入 Build C++攻城狮教程	欢迎进入 mobile app攻城狮教程	欢迎进入 mobile app攻城狮教程

图 3-17 "最新课程"栏目预览效果

3.3.4 案例拓展

另外，还可以给网页添加顶部的 logo 和底部的版权信息，页面效果如图 3-18 所示。

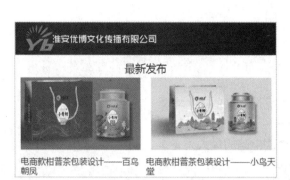

a)   b)

图 3-18 网站响应式页面效果

a) 平板计算机下网页顶部的 logo 区域效果 b) 平板计算机底部的 footer 区域效果

顶部 logo 区域的 HTML 结构设计代码如下。

```
<div class="commodity-show">
    <div class="container">
      <div class="row">
        <div class="col-sm-12 logo">
            <img class="img-responsive" src="images/logo.png" width="400" />
        </div>
      </div>
    </div>
</div>
```

底部 footer 区域的 HTML 结构设计代码如下。

```
<div class="commodity-show">
    <div class="container">
      <div class="row">
        <div class="col-sm-12 footer">
            <p class="footertext">&copy; 2018 淮安优博文化传播有限公司</p>
        </div>
      </div>
    </div>
 </div>
```

两个部分所需的 CSS 样式文件代码如下。

```
.logo,.footer{text-align: center;background-color: #333333;}
.footertext{
        color: wheat;
        height: 50px;
        line-height: 50px;
        text-align: center;
    }
```

3.4 习题与项目实践

1．选择题

（1）Bootstrap 中.container 类在小型设备平板计算机的最大容器宽度是（　　）。

    A．None   B．750px   C．970px   D．1170px

（2）Bootstrap 中.container 类在中型设备台式电脑的最大列宽是（　　）。

    A．Auto   B．~60px   C．~78px   D．~95px

（3）将.col-md 设备下的列向右移动 4 个列的宽度的代码是（　　）。

    A．.col-md-left-4   B．.col-md-offset-4

    C．.col-md-pull-4   D．.col-md-push-4

2．实践项目——使用 Bootstrap 栅格系统布局页面

（1）使用 Bootstrap 栅格系统可以方便地对网页进行模块分割。Bootstrap 包含了一个响应式的、移动设备优先的、不固定的网格系统，可以随着设备或视口大小的增加而适当地扩展到 12 列，请参照图 3-19 所示的效果布局五等分的页面。

图 3-19　五等分布局效果

（2）请参照图 3-20 所示的效果使用 Bootstrap 栅格系统布局八等分的页面。

图 3-20　八等分布局效果

第 4 章 Bootstrap 基础布局

4.1 基础排版

排版主要是针对 HTML 元素进行样式设置及布局定位，排版在 Web 前端开发中十分重要。Bootstrap 提供了一套 CSS 样式，可以方便快速地渲染 HTML 元素，让页面排版更加便捷。

4.1.1 标题

1．标题元素\<h1\>\<h6\>

Bootstrap 可以使用 HTML 中的\<h1\>~\<h6\>这 6 个标题标签，并赋予了它们半粗体属性及由大到小的字体 font-size 属性。

【实例 4-1】 标题标签的使用，代码如下。

```
<h1>一级标题（半粗体 36px）</h1>
<h2>二级标题（半粗体 30px）</h2>
<h3>三级标题（半粗体 24px）</h3>
<h4>四级标题（半粗体 18px）</h4>
<h5>五级标题（半粗体 14px）</h5>
<h6>六级标题（半粗体 12px）</h6>
```

运行【实例 4-1】代码，页面效果如图 4-1 所示。

2．使用样式类.h1~.h6

Bootstrap 除了基础的\<h1\>~\<h6\>这 6 个标题元素，还相应提供了 6 个样式类.h1~.h6，使用它们可以给内联属性的文本赋予不同级别的标题样式。

【实例 4-2】 标题样式类的使用，代码如下。

```
<span class="h1">一级标题文本</span>
<span class="h2">二级标题文本</span>
<span class="h3">三级标题文本</span>
<span class="h4">四级标题文本</span>
<span class="h5">五级标题文本</span>
<span class="h6">六级标题文本</span>
```

运行【实例 4-2】代码，页面效果如图 4-2 所示。

3．小标题

当一个标题内部含有小标题（子标题或副标题）时，可以在该标题内嵌套添加\<small\>元素（字体大小是父元素的 0.85），也可以给小标题内容应用.small 样式类（字体大小是父元素的 0.65），这样可以得到一个更小、颜色更浅的文本。

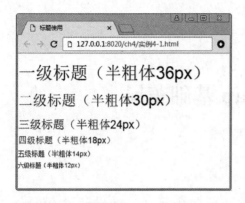

图 4-1　使用标题元素<h1><h6>

图 4-2　使用样式类.h1~.h6

【实例 4-3】　小标题的设置，代码如下。

```
<h1>一级标题（半粗体 36px）<small>副标题</small></h1>
<h3>三级标题（半粗体 24px）<span class="small">小标题 3</span></h3>
```

运行【实例 4-3】代码，页面效果如图 4-3 所示。

图 4-3　小标题

4.1.2　段落

1．基本段落

Bootstrap 将页面<body>元素中的全局字体大小 font-size 设置为 14px，行高 line-height 设置为 1.428。<body>和<p>元素都被赋予了这些属性，另外，<p>元素还被设置了等于 1/2 行高(10px)的底部外边距（margin-bottom）。

2．中心内容

Bootstrap 为了突出多个段落中的某一个段落，也就是强调文本，可以添加 class="lead"，这将得到更大更粗、行高更高的文本。

【实例 4-4】　突出段落，代码如下。

```
<h1>Bootstrap <small>（Web 框架）</small></h1>
<p>Bootstrap 是美国 Twitter 公司的设计师 Mark Otto 和 Jacob Thornton 合作，基于 HTML、
CSS、JavaScript 开发的简洁、直观、强悍的前端开发框架，使得 Web 开发更加快捷。</p>
<p class="lead">Bootstrap 提供了优雅的 HTML 和 CSS 规范，它由动态 CSS 语言 Less 写成。</p>
<p>Bootstrap 一经推出后颇受欢迎，一直是 GitHub 上的热门开源项目，包括微软全国广播公司的
Breaking News 都使用了该项目。</p>
```

运行【实例 4-4】代码，页面效果如图 4-4 所示。

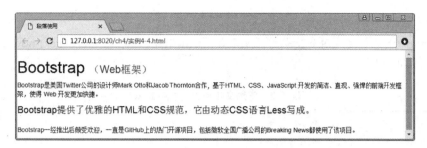

图 4-4　突出段落

4.1.3　文本样式

1．常用文本格式的重定义

HTML 网页中，为了让文字富有变化，或者强调某一部分，例如为文字设置粗体、斜体或下画线效果，Bootstrap 针对文本格式元素的样式进行了重新定义，表 4-1 列出了常用的格式元素。

表 4-1　常用文本格式样式

元 素 名 称	说　　明	元 素 名 称	说　　明
\<small\>…\</small\>	字体大小是父元素的 0.85	\<strong\>…\</strong\>	表示强调，一般为粗体
\<mark\>…\</mark\>	用于突出显示高亮的文本	\<em\>…\</em\>	表示强调，一般为斜体
\<del\>…\</del\>	删除线	\<b\>…\</b\>	粗体，表示高亮单词
\<s\>…\</s\>	没有用的、不相关的内容	\<i\>…\</i\>	斜体，表示发言、技术词汇
\<ins\>…\</ins\>	额外插入的文本	\<sup\>…\</sup\>	上标
\<u\>…\</u\>	专有名词（人名、地名、朝代等）	\<sub\>…\</sub\>	下标

【实例 4-5】　常用文本格式元素的使用，代码如下。

　　　　\<h1\>Bootstrap \<small\>（Web 框架）\</small\>\</h1\>
　　　　\<p\>Bootstrap 是\<strong\>美国 Twitter 公司\</strong\>的设计师 Mark Otto 和 Jacob Thornton 合作，基于 HTML、CSS、JavaScript 开发的简洁、直观、强悍的前端开发框架，使得 Web 开发更加快捷。\</p\>
　　　　\<p\>Bootstrap 提供了优雅的 HTML 和 CSS 规范，它由 \<em\>动态 CSS\</em\> 语言 \<mark\>Less\</mark\>写成。\</p\>
　　　　\<p\>Bootstrap 一经推出后颇受欢迎，一直是 GitHub 上的\<del\>热门\</del\>开源项目，包括\<u\>微软全国广播公司\</u\>的 Breaking News 都使用了该项目。\</p\>

运行【实例 4-5】代码，页面效果如图 4-5 所示。

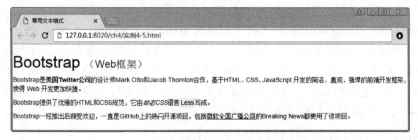

图 4-5　常用文本格式的重定义

2．文本的对齐方式与强调

Bootstrap 针对文本的对齐提供了.text-left、.text-right、.text-center、.text-nowrap 等文本对齐类，如表 4-2 所示。

表 4-2 　常用文本对齐与强调样式

类	说　明	类	说　明
.text-left	向左对齐文本	.text-primary	表示重要强调色
.text-right	向右对齐文本	.text-success	表示成功强调色
.text-center	居中对齐文本	.text-info	表示信息强调色
.text-nowrap	内容不换行	.text-warning	表示警告强调色
.text-muted	内容减弱	.text-danger	表示危险强调色

【实例 4-6】 常用文本对齐与强调样式的使用，代码如下。

```
<p class="text-left">向左对齐文本</p>
<p class="text-center">居中对齐文本</p>
<p class="text-right">向右对齐文本</p>
<p class="text-muted">这是 text-muted 属性的强调色！</p>
<p class="text-primary">这是 text-primary 属性的强调色！</p>
<p class="text-success">这是 text-success 属性的强调色！</p>
<p class="text-info"> 这是 text-info 属性的强调色！</p>
<p class="text-warning">这是 text-warning 属性的强调色！</p>
<p class="text-danger">这是 text-danger 属性的强调色！</p>
```

运行【实例 4-6】代码，页面效果如图 4-6 所示。

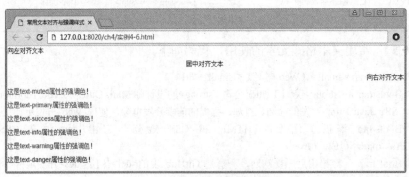

图 4-6 　常用文本对齐与强调样式

3．字母大小写与缩写

Bootstrap 提供了.text-lowercase（将大写转换为小写）、.text-uppercase（将小写转换为大写）、.text- capitalize（将首字母转换为大写）几个类，可以方便地改变文本的字母大小写。

Bootstrap 定义 <abbr> 元素的样式为显示在文本底部的一条虚线边框，当鼠标指针悬停在上面时会显示完整的文本，实现方式是为<abbr>元素的 title 属性添加了文本说明。

【实例 4-7】 文本大小写转换与缩写类的使用，代码如下。

```
<p class="text-lowercase">将大写转换为小写:HTML</p>
```

```
<p class="text-uppercase">将小写转换为大写:Bootstrap</p>
<p class="text-capitalize">将首字母转换为大写:bootstrap</p>
<p>层叠样式表<abbr title="Cascading Style Sheets">CSS</abbr><br></p>
```

运行【实例 4-7】代码，页面效果如图 4-7 所示。

4．地址

使用地址标签<address>可以在网页上显示联系信息。由于<address>默认为"display:block;"，所以需要使用
标签来为封闭的地址文本添加换行。

【实例 4-8】 地址标签<address>的使用，代码如下。

```
<address>
    <strong>北京市西城区百万庄大街 22 号</strong><br/>
    机械工业出版社<br/>
    <abbr title="telephone">Tel:</abbr> (010) 12345678<br/>
    <strong>客服邮箱</strong><br/>
    <a href="mailto:test@cmpedu.com">test@cmpedu.com</a><br/>
<address>
```

运行【实例 4-8】代码，页面效果如图 4-8 所示。

图 4-7　文本大小写转换与缩写类的使用

图 4-8　地址标签的使用

4.2　列表

4.2.1　有序列表和无序列表

有序列表是指以数字或其他有序字符开头的列表。无序列表是指没有特定顺序的列表，是以传统风格的着重号开头的列表。

【实例 4-9】 有序列表和无序列表的使用，代码如下。

```
<ul>
    <li>北京</li>
    <li>上海</li>
        <ol>
            <li>浦东新区</li>
            <li>徐汇区</li>
```

```
                    <li>长宁区</li>
                    <li>普陀区</li>
                </ol>
            <li>广州</li>
            <li>深圳</li>
        </ul>
```

运行【实例 4-9】代码，页面效果如图 4-9 所示。

4.2.2　无样式与内联列表

如果不想给有序或无序列表显示着重号，可以使用 .list-unstyled 类来移除样式，形成无样式表；还可以使用 .list-inline 类把列表的所有列表项放在同一行，形成内联列表。

【实例 4-10】　无样式与内联列表的使用，代码如下。

```
        <ul class="list-unstyled">
            <li>北京</li>
            <li>上海</li>
                <ol class="list-inline">
                    <li>浦东新区</li>
                    <li>徐汇区</li>
                    <li>长宁区</li>
                    <li>普陀区</li>
                </ol>
            <li>广州</li>
            <li>深圳</li>
        </ul>
```

运行【实例 4-10】代码，页面效果如图 4-10 所示。

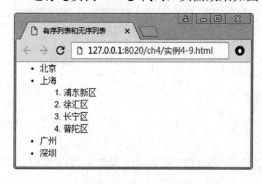

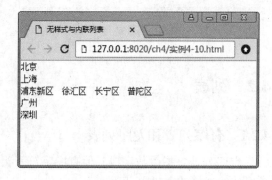

图 4-9　有序列表和无序列表的使用　　　　图 4-10　无样式与内联列表的使用

4.2.3　定义列表

定义列表是指带有描述的短语列表。定义列表多用于对术语或名词进行描述，同时，定义列表项前面无任何项目符号。<dl>元素可以结合<dt>（定义列表中的项目）和<dd>（描述列表中的项目）元素使用定义列表。

Bootstrap 还可以使用.dl-horizontal 类让 <dl>元素内的短语及其描述排在一行。

【**实例4-11**】 基本定义列表的使用，代码如下。

```
<h2>一个定义列表：</h2>
<dl>
    <dt>中国画</dt>
    <dd>汉族传统绘画形式是用毛笔蘸水、墨、彩作画于绢或纸上，这种画种被称为"中国
画"，简称"国画"。</dd>
</dl>
<h2>一个水平定义列表：</h2>
<dl class="dl-horizontal">
    <dt>中国书法</dt>
    <dd>中国书法是一门古老的汉字的书写艺术，从甲骨文、石鼓文、金文（钟鼎文）演变而
为大篆、小篆、隶书，至定型于东汉、魏、晋的草书、楷书、行书等，书法一直散发着艺术的魅力。
</dd>
</dl>
```

运行【实例4-11】代码，页面效果如图4-11所示。

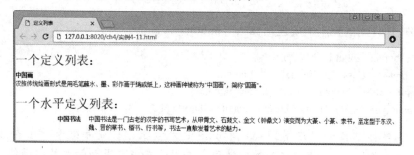

图4-11　定义列表的使用

4.3　按钮

4.3.1　预定义按钮

Bootstrap 为按钮提供了一个基本样式类.btn，所有按钮元素都使用它。Bootstrap 为按钮提供了用来定义不同风格按钮的预定义样式类，如表4-3所示。

表4-3　不同风格按钮的预定义样式类

类	说　明	类	说　明
.btn	为按钮添加基本样式	.btn-info	该样式可用于要弹出信息的按钮
.btn-default	默认/标准按钮	.btn-warning	表示需要谨慎操作的按钮
.btn-primary	原始按钮样式（未被操作）	.btn-danger	表示一个危险动作的按钮操作
.btn-success	表示成功的动作	.btn-link	让按钮看起来像个链接（仍然保留按钮行为）

【**实例4-12**】 不同风格按钮的预定义样式类的使用，代码如下。

```
<a href="###" class="btn btn-default">超级链接</a>
```

```
<button type="button" class="btn btn-default">默认按钮</button>
<input type="button" class="btn btn-default" value="表单按钮">
<button type="button" class="btn btn-primary">原始按钮</button>
<button type="button" class="btn btn-success">成功按钮</button>
<button type="button" class="btn btn-info">信息按钮</button>
<button type="button" class="btn btn-warning">警告按钮</button>
<button type="button" class="btn btn-danger">危险按钮</button>
<button type="button" class="btn btn-link">链接按钮</button>
```

运行【实例 4-12】代码，页面效果如图 4-12 所示。

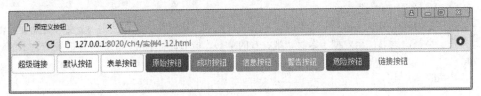

图 4-12　不同风格按钮的预定义样式类的使用

可作为按钮使用的元素主要包括<a>、<button>、<input>。

```
//a、button、input 转化成普通按钮
<a href="#" class="btn btn-default">Link</a>
<button class="btn btn-default">Button</button>
<input type="button" class="btn btn-default" value="input">
```

注意：虽然按钮类可以应用到<a>和<button>元素上，但是导航和导航条组件只支持<button> 元素。如果<a>元素被作为按钮使用，并用于在当前页面触发某些功能，而不是用于链接其他页面或当前页面中的其他部分，那么务必要为其设置 role="button" 属性。强烈建议尽可能使用<button>元素来获得在各个浏览器上相匹配的绘制效果。

4.3.2　按钮尺寸

Bootstrap 通过为<button>元素应用.btn-lg、.btn-sm、.btn-xs、.btn-block 这 4 个样式类来获得不同尺寸的按钮，如表 4-4 所示。

表 4-4　不同尺寸的按钮

类	说　　明	类	说　　明
.btn-lg	这会让按钮看起来比较大	.btn-xs	这会让按钮看起来特别小
.btn-sm	这会让按钮看起来比较小	.btn-block	这会创建块级的按钮，会横跨父元素的全部宽度

【实例 4-13】　不同风格按钮的预定义样式类的使用，代码如下。

```
<p>
<button type="button" class="btn btn-primary">默认大小的原始按钮</button>
<button type="button" class="btn btn-default">默认大小的按钮</button>
<button type="button" class="btn btn-success btn-lg">大的原始按钮</button>
<button type="button" class="btn btn-default btn-lg">大的按钮</button>
<button type="button" class="btn btn-success btn-sm">小的原始按钮</button>
```

```
        <button type="button" class="btn btn-default btn-sm">小的按钮</button>
        <button type="button" class="btn btn-success btn-xs">特别小的原始按钮</button>
        <button type="button" class="btn btn-default btn-xs">特别小的按钮</button>
    </p>
    <button type="button" class="btn btn-success btn-lg btn-block">块级的原始按钮</button>
    <button type="button" class="btn btn-default btn-lg btn-block">块级的按钮</button>
```

运行【实例 4-13】代码，页面效果如图 4-13 所示。

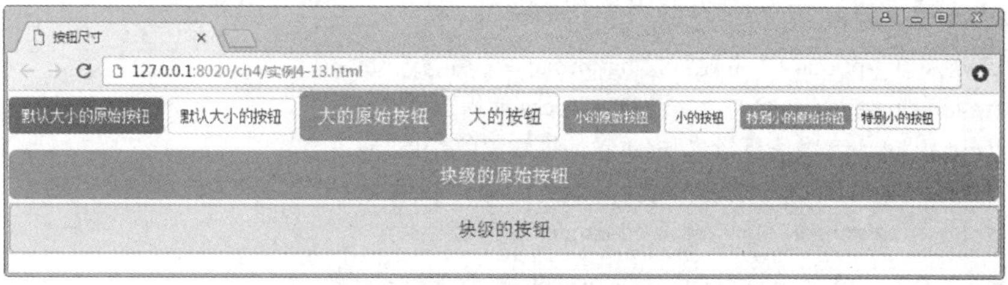

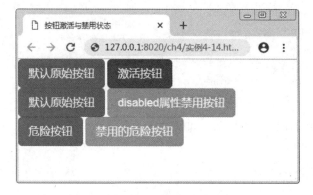

图 4-13　不同尺寸按钮的使用效果

4.3.3　按钮的激活与禁用状态

当按钮处于激活状态时，它表现为被按下去时底色更深、边框颜色更深、向内投射阴影的样式，通过使用<button>元素的.active 样式类可以实现按钮的激活状态。

当按钮处于禁用状态时，它表现为颜色变淡 50%，并失去渐变，呈现无法单击的效果。对于<button>元素，可以通过设置 disabled 属性来实现禁用的效果；如果使用的是<a>元素，可以使用. disabled 样式类来实现禁用效果。

【**实例 4-14**】　按钮激活与禁用状态的设置，代码如下。

```
        <button type="button" class="btn btn-primary btn-lg">默认原始按钮</button>
        <button type="button" class="btn btn-primary btn-lg active">激活按钮</button><br />
        <button type="button" class="btn btn-primary btn-lg">默认原始按钮</button>
        <button type="button" class="btn btn-primary btn-lg" disabled>disabled 属性禁用按钮</button><br />
        <a href="#" class="btn btn-danger btn-lg">危险按钮</a>
        <a href="#" class="btn btn-danger btn-lg disabled">禁用的危险按钮</a>
```

运行【实例 4-14】代码，页面效果如图 4-14 所示。

图 4-14　激活与禁用状态的按钮效果

4.4 其他辅助类

4.4.1 背景色

Bootstrap 可以使用任意背景色设置元素的背景，这些样式也可以应用于链接，并会像默认链接样式一样在悬停时变暗。

【实例 4-15】 情景背景色的使用，代码如下。

```
<p class="bg-primary">主要背景 bg-primary 使用蓝色</p>
<p class="bg-success">成功背景 bg-success 使用绿色</p>
<p class="bg-info">信息背景 bg-info 使用浅蓝色</p>
<p class="bg-warning">警告背景 bg-warning 使用黄色</p>
<p class="bg-danger">危险背景 bg-danger 使用红色</p>
```

运行【实例 4-15】代码，页面效果如图 4-15 所示。

图 4-15　情景背景色的使用效果

4.4.2 关闭与下拉三角符号按钮

Bootstrap 可以通过给<button>元素应用.close 样式类得到关闭按钮符号的样式，这类按钮通常用于模糊框和警告框。通过给<span>元素应用.caret 样式类可以得到三角符号的样式，三角符号一般用来指示某个元素具有下拉菜单的功能。

【实例 4-16】 关闭与下拉三角符号按钮的使用，代码如下。

```
<p>关闭图标实例
    <button type="button" class="close" >
        <span>&times;</span>
    </button>
</p>
<p>下拉三角符号实例
    <span class="caret"></span>
</p>
```

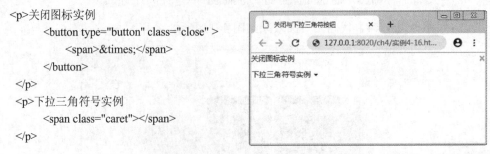

运行【实例 4-16】代码，页面效果如图 4-16
所示。

图 4-16　关闭与下拉三角符号按钮的使用效果

4.4.3 快速浮动与块居中显示

Bootstrap 通过给任意元素应用.pull-left 和.pull-right 样式类，可以将元素快速向左或向右浮动；通过给元素应用.center-block 样式类，可以让元素以块级的方式居中显示。

【**实例 4-17**】 快速浮动与块居中显示的使用，代码如下。

```
<div class="container">
  <div class="row">
      <div class="pull-left" style="width:200px;background-color:greenyellow;">
      向左浮动
      </div>
      <div class="pull-right" style="width:200px;background-color:yellowgreen;">
      向右浮动
      </div>
      <div class="center-block" style="width:200px;background-color:orange;">
      这是 center-block 实例
      </div>
  </div>
</div>
```

运行【实例 4-17】代码，页面效果如图 4-17 所示。

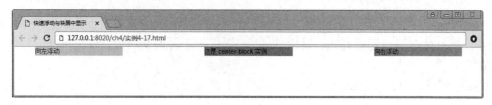

图 4-17　快速浮动与块居中显示的使用效果

4.4.4　清除浮动

Bootstrap 提供了.clearfix 样式类用来清除浮动。

【**实例 4-18**】 清除浮动样式类的使用，代码如下。

```
<div class="container">
  <div class="row">
      <div class="pull-left" style="width:200px;background-color:greenyellow;">
      向左浮动
      </div>
      <div class="pull-right" style="width:200px;background-color:yellowgreen;">
      向右浮动
      </div>
      <span class="clearfix"></span>
      <div class="center-block" style="background-color:orange;">
      这是清除浮动实例
      </div>
  </div>
</div>
```

运行【实例 4-18】代码，页面效果如图 4-18 所示。

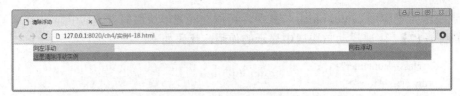

图 4-18　清除浮动的效果

在【实例 4-18】中，如果删除"<span class="clearfix"></span>"代码，那么 row 中的第 3 个<div>元素将会放置在左右浮动的元素之间，页面效果如图 4-19 所示。

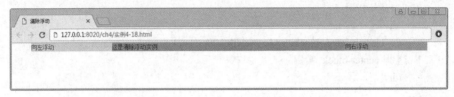

图 4-19　删除清除浮动后的效果

4.4.5　元素的显示与隐藏

Bootstrap 可以通过使用.show 和 .hidden、.invisible 样式类来强行设置元素显示或隐藏。这些效果都只针对块级元素有效，其中 .hidden 样式类不占用文档流，而.invisible 样式类占用文档流。

【实例 4-19】　元素的显示与隐藏，代码如下。

```
<span class="show">显示信息 1</span>
<span class="hidden">hidden 隐藏内容，下一块自动占用本区域内容位置。</span>
<span class="show">显示信息 2</span>
<span class="invisible">invisible 隐藏内容，但仍占用本区域内容位置。</span>
<span class="show">显示信息 3</span>
```

运行【实例 4-19】代码，页面效果如图 4-21 所示；如果将 .hidden、.invisible 样式都修改为.show，则所有元素都将显示，如图 4-20 所示。

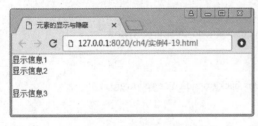

图 4-20　元素的显示与隐藏

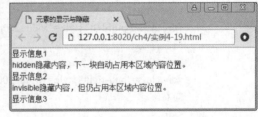

图 4-21　元素全部显示的效果

4.5　案例：招应聘信息发布

4.5.1　案例展示

本案例主要完成招聘与应聘信息的展示，需求实现的页面效果如图 4-22 所示。

a)　　　　　　　　　　　　　　　　　　b)

图 4-22　招应聘信息发布效果

a) PC、平板计算机上的页面效果　b) 手机上的页面效果

4.5.2　案例分析

本案例基于基本的 Bootstrap 框架，分析图 4-23 可以看出，"招聘信息"与"应聘信息"栏目板块在 PC、平板计算机端为 2 栏，而在手机端为 1 栏显示，所以可以在 container 内使用"col-xs-12 col-sm-6"来实现这种效果，左侧的"招聘信息"栏目主要使用响应式图片展示。

"应聘信息"栏目中的人物头像和应聘信息可以再次分为左右两栏，左栏可以设置为"col-xs-4 col-lg-3"，右栏可以设置为"col-xs-8 col-lg-9"。

本案例操作具体分为如下 3 步。

第 1 步：创建基本样式表与基本框架。

第 2 步：编写"招聘信息"栏目的 HTML 结构与 CSS 代码。

第 3 步：编写"应聘信息"栏目的 HTML 结构与 CSS 代码。

4.5.3　案例实现

第 1 步：创建基本样式表与基本框架。

基于 Bootstrap 模板创建网页，编写基本样式表，代码如下。

```
<style type="text/css">
    body{
        font-family: "微软雅黑";
        font-size: 16px;
    }
    h3{
        text-align: center;
        color: white;
```

```
                    }
            a,a:hover{
                    text-decoration: none;
                    font-size: 16px;
            }
        </style>
```

网页页面基本框架的 HTML 结构代码设置如下。

```
<div class="container">
        <div class="row">
                <div class="col-xs-12 col-sm-6 text-center">
                        <div id="bignav1"></div>
                </div>
                <div class="col-xs-12 col-sm-6 ">
                        <div id="bignav2" class="text-center"></div>
                </div>
        </div>
</div>
```

第 2 步：编写"招聘信息"栏目的 HTML 结构与 CSS 代码。

根据页面效果的需求，完成"招聘信息"栏目基本的结构设计，代码如下。

```
<div class="col-xs-12 col-sm-6 text-center">
        <div id="bignav1">
                <a href="#" target="_blank">
                        <div class="panel panel-default biz">
                                <div class="panel-body">
                                <h3>招聘信息</h3>
                                <span>我是企业，商家，策划公司，创业者</span>
                                </div>
                        </div>
                </a>
                <div class="blank10"></div>
        </div>
        <div class="panel panel-default banner">
                <div class="panel-body text-center">
                <a href="#">
                        <img class="img-responsive text-center center-block" src="images/yp1.jpg" />
                </a>
                </div>
        </div>
        <div class="blank5"></div>
        <div class="panel panel-default banner">
                <div class="panel-body text-center">
                <a href="#" >
                        <img class="img-responsive text-center center-block" src="images/yp2.jpg" />
                </a>
```

```
            </div>
        </div>
        <div class="blank5"></div>
        <div class="panel panel-default banner">
            <div class="panel-body text-center">
            <a href="#">
                <img class="img-responsive text-center center-block" src="images/yp3.jpg" />
            </a>
            </div>
        </div>
        <div class="blank5"></div>
    </div>
```

然后，根据页面效果的需求，设置左侧"招聘信息"对应的样式，代码如下。

```
#bignav1,.biz,span{
    color: #FFF;
    line-height: 180%;
    font-size: 26px;
}
.biz{background-color: #106FC1;}
.biz span,.mode span{font-size: 16px;}
```

至此，完成"招聘信息"栏目的内容，预览效果如图 4-23 所示。

图 4-23 "招聘信息"栏目预览效果

第 3 步：编写"应聘信息"栏目的 HTML 结构与 CSS 代码。
根据页面效果的需求，完成"应聘信息"栏目基本的结构设计，代码如下。

```html
<div class="col-xs-12 col-sm-6 ">
    <div id="bignav2" class="text-center">
        <a href="http://chengdumote.com/zhaomu" target="_blank">
            <div class="panel panel-default mode">
                <div class="panel-body">
                    <h3>应聘信息</h3>
                    <span>我是：网站设计师，应届毕业生，高级设计师</span>
                </div>
            </div>
        </a>
        <div class="blank10"></div>
    </div>
    <div class="panel panel-default">
        <div class="panel-body">
            <div class="panel panel-default">
                <div class="panel-body">
                    <div class="col-xs-4 col-lg-3">
                        <div class="hellospace">
                            <a href="#">
                                <img class="img-responsive lazy" src="images/tx1.jpg" />
                            </a>
                        </div>
                    </div>
                    <div class="col-xs-8    col-lg-9">
                        <h4>
                            <a class="color_black" href="#">姓名：李刚</a>
                        </h4>
                        <div>
                            <span class="color_gray_01">类别:
                                <a href="#">平面设计师, 网页设计师</a>
                            </span><br/>
                            <span class="color_gray_01">
                            发布：<small>2019/01/22</small>
                            </span>
                        </div>
                    </div>
                </div>
            </div>
            <div class="clearfix"></div>
            <div class="blank5"></div>
            <a href="#" type="button" class="btn btn-lg btn-block btn-gold">
                    查看更多通告
            </a>
        </div>
    </div>
</div>
```

然后，根据页面效果的需求，编写 CSS 样式，代码如下。

```
#bignav2{
    color: #FFF;
    line-height: 180%;
    font-size: 26px;
}
.mode{background-color: #008000;}
.hellospace{padding-right: 15px;}
.lazy{
    display: block;
    border: 1px solid #CCCCCC;
    border-radius: 50%;
}
.color_black{color:#616161;}
.color_gray_01{
    color: #989898;
    font-size: 16px;
}
.color_gray_01 a{color:#D58512;}
.btn-gold{
    background-color: orange;
    font-size: 16px;
    color: #FFF;
}
```

至此，完成"应聘信息"栏目的内容。

4.5.4 案例拓展

在上述操作完成的基础上，还可以在网页顶部添加 logo，在底部添加版权信息，页面效果如图 4-24 所示。

a)   b)

图 4-24　网站响应式页面效果

a) PC 与平板计算机上的页面效果　b) 手机上的页面效果

拓展部分的 HTML 结构设计与 CSS 代码编写可以参考第 3 章中的"企业内容展示页面制作"案例。

4.6 习题与项目实践

1. 选择题

（1）Bootstrap 中将大写转换为小写的类是（　　）。

    A．.text-lowercase   B．.text- uppercase   C．.text- capitalize   D．.lead

（2）Bootstrap 中设置文本为更粗的样式的标签是（　　）。

    A．\<small>   B．\<strong>   C．\<em>   D．\<h1>

（3）Bootstrap 中将所有列表项放置同一行的类是（　　）。

    A．.list-unstyled   B．.list-inline

    C．.dl-horizontal   D．.initialism

2. 实践项目——使用 Bootstrap 实现基本页面布局

（1）登录白鹭引擎网站（https://www.egret.com/），实现如图 4-25 所示的布局效果。

图 4-25　页面布局效果

（2）登录爱格中文网站（https://www.egger.com/shop/zh_CN/），实现如图 4-26 所示"新闻"与"支持"两个栏目的布局效果。

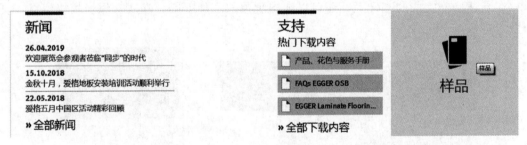

图 4-26　"新闻"与"支持"两个栏目的布局效果

第 5 章　Bootstrap 表格

5.1　网页中的表格

5.1.1　表格简介

表格是 HTML 结构中最常见的元素之一，在使用 Div+CSS 进行网页的排版之前，表格布局法一直是进行网页整体结构规划的主要方法。而目前，表格布局法已经逐步被HTML+CSS 取代，网页中的表格仅以列表的形式出现，如图 5-1 所示。

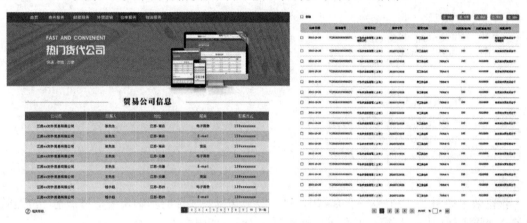

图 5-1　网页中表格的使用

5.1.2　表格的基本元素

简单的 HTML 表格由<table>元素以及一个或多个<tr>、<th>或<td>元素组成，其中<tr>元素定义表格行，<th>元素定义表头，<td>元素定义表格单元。除此之外，HTML 表格也包括<caption>、<thead>、<tbody>以及<tfoot>等元素。掌握了这些元素的基本定义，就可以借助 Bootstrap 高效快速地在网页中创建一个清晰的表格。

表 5-1 列出了 Bootstrap 支持的表格标签。

表 5-1　表格标签

标签	描述
< table >…</ table >	表格的基础样式，用于定义一个表格的开始和结束
< thead >…</ thead >	表格标题行的容器元素，用来标识表格列
< tbody >…</ tbody >	表格主体中表格行的容器元素

（续）

标签	描述
< tr >…</ tr >	用于定义表格的一行，一组行标签内可以建立多组由<td>或<th>标签所定义的单元格
< th >…< /th >	用于定义表格的表头，一组<th>标签将建立一个表头，特殊的表格单元格，用来标识列或行，必须在 <thead> 或< tr >标签内使用。
< td >…< /td >	用于定义表格的最基础元素为单元格，一组< td >标签将建立一个单元格，< td >标签必须放在< tr >标签内
< caption >…< /caption >	关于表格存储内容的描述或总结
<tfoot>…</tfoot>	表示 HTML 表格的页脚，该标签用于组合 HTML 表格中的表注内容

5.1.3 创建表格

使用 HBuilder 编辑器，在 HBuilder 中新建一个 Web 项目，编写表格代码如下。

```
<table width="300" >
  <tr>
    <td>班级</td>
    <td>姓名</td>
    <td>学号</td>
  </tr>
  <tr>
    <td>310162</td>
    <td>宋某某</td>
    <td>31016227</td>
  </tr>
</table>
```

预览效果如图 5-2 所示，可以看出，这种没有边框等属性的基础表格不易识别，浏览效果差。现将表格边框、填充、间距等属性设置为 1px，代码如下。

```
<table width="300"  border="1" cellpadding="1" cellspacing="1">
```

改进后的表格效果如图 5-3 所示。

班级	姓名	学号
310162	宋某某	31016227

图 5-2 默认的表格效果

班级	姓名	学号
310162	宋某某	31016227

图 5-3 设置参数后的表格效果

5.2 Bootstrap 中的表格

5.2.1 基本型表格

在网页中建立表格后，可以使用 Bootstrap 快速地对表格进行优化，这样的优化不仅体现在表格的外观，更直接反映在表格的效果和功能上。

首先是基本型表格，在页面关联了 Bootstrap 的 CSS 文件后，可以直接在<table>标签中添加.table 样式类，即<table class= "table" >，就会得到一个只带有内边距（padding）和水平分割的基本表。

【实例 5-1】 制作基本型表格，代码如下。

```
<div class="container" >
<div class="row" style="width:80%;margin: 5px auto;">
    <table class="table">
        <thead>
            <tr>
                <th>课程名称</th>
                <th>授课老师</th>
                <th>选课人数</th>
            </tr>
        </thead>
        <tbody>
            <tr>
                <td>网站设计与制作</td>
                <td>刘老师</td>
                <td>300</td>
            </tr>
            <tr>
                <td>Photoshop</td>
                <td>章老师</td>
                <td>300</td>
            </tr>
            <tr>
                <td>C 语言程序设计</td>
                <td>殷老师</td>
                <td>300</td>
            </tr>
        </tbody>
    </table>
</div>
</div>
```

运行【实例 5-1】代码，页面效果如图 5-4 所示。

图 5-4　基本型表格

5.2.2 条纹状表格

条纹状表格也就是常见的具有类似于斑马线的隔行换色样式的表格，这样的表格样式不仅会让表格变得漂亮起来，而且会使表格的结构更加清晰，增强表格的可读性。

在页面关联了 Bootstrap 的 CSS 文件后，除了在<table>标签中添加.table 类之外，继续添加.table-striped 类，即<table class= "table table-striped">，就会得到一个具有条纹效果的表格。

【实例 5-2】 制作条纹状表格，代码如下。

```
<div class="container" >
    <div class="row" style="width:80%;margin: 5px auto;">
        <table class="table table-striped">
            <thead>
                <tr>
                    <th>课程名称</th>
                    <th>授课老师</th>
                    <th>选课人数</th>
                </tr>
            </thead>
            <tbody>
                <tr>
                    <td>网站设计与制作</td>
                    <td>刘老师</td>
                    <td>300</td>
                </tr>
                <tr>
                    <td>Photoshop</td>
                    <td>章老师</td>
                    <td>300</td>
                </tr>
                <tr>
                    <td>C 语言程序设计</td>
                    <td>殷老师</td>
                    <td>300</td>
                </tr>
            </tbody>
        </table>
    </div>
</div>
```

运行【实例 5-2】代码，页面效果如图 5-5 所示。

5.2.3 带边框的表格

带有边框的表格可以从视觉上让表格中不同栏目、不同内容的单元格之间显得更加独立，可以给访问者带来一种更加规范与正式的感觉。带边框表格的制作是在基本型表格的基础上，在<table>元素中再添加.table-bordered 类，即<table class="table table-bordered">，为表格的每个单元格增加边框而获得的效果。

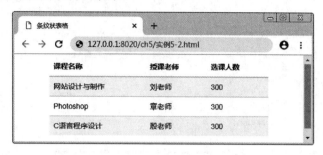

图 5-5　条纹状表格

【实例 5-3】　制作带边框的表格，只需要将【实例 5-2】中<table>的代码修改如下。

<table class="table table-bordered">

运行【实例 5-3】代码，效果如图 5-6 所示。 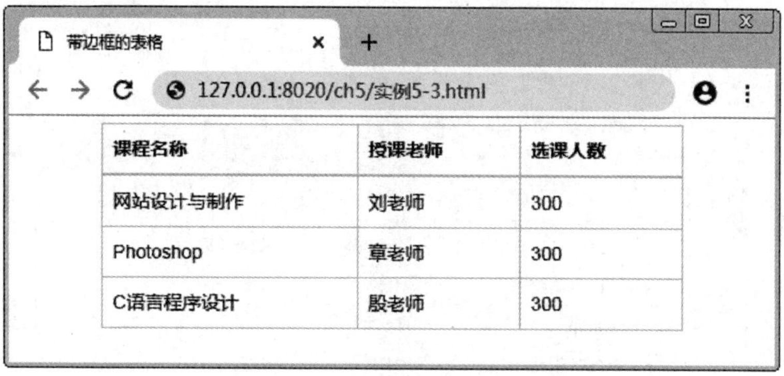

图 5-6　带边框的表格

5.2.4　鼠标悬停表格

在网页设计中，鼠标悬停效果常用于文字链接、产品图片、按钮等处。同样，如果在网页中插入一个条目非常繁多的表格，那么鼠标悬停效果将能够清晰地告诉访问者当前正在阅读表格中哪一行的数据。

在基本型表格的基础上，在<table>标签中再添加.table-hover 类，即<table class="table table-hover">，表格就具备了鼠标悬停效果。

【实例 5-4】　制作鼠标悬停表格，只需要将【实例 5-2】中<table>的代码修改如下。

<table class="table table-hover">

运行【实例 5-4】代码，效果如图 5-7 所示。

5.2.5　紧缩型表格

在网页设计中，有时会因为版面大小限制而不得不压缩表格的尺寸，Boostrap 中的.table-condensed 类就可以使表格达到压缩的效果。

图 5-7　鼠标悬停表格

基于基本型表格，将.table-condensed 添加到<table>标签中，即<table class="table table-condensed">，表中的行内边距被切为两半，以便让表格整体看起来更紧凑。

【实例5-5】　制作紧缩型表格，只需要将【实例5-2】中<table>的代码修改如下。

```
<table class="table table-condensed">
```

运行【实例5-5】代码，效果如图5-8所示。 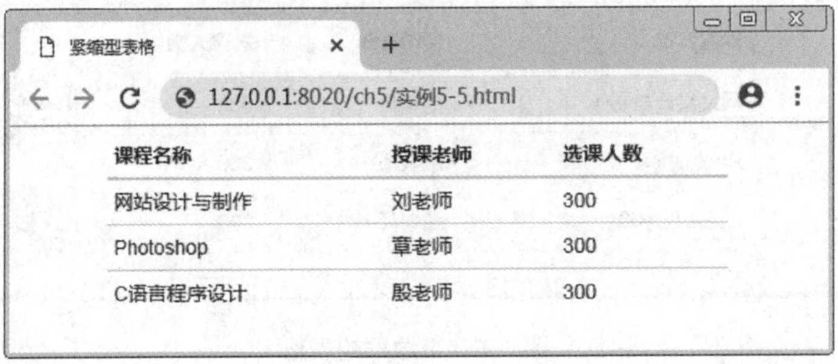

图 5-8　紧缩型表格

5.2.6　状态类表格

状态类表格常用于凸显表格中的某些特定数据，简单地说就是定义表格中的某一行或某一单元格的样式，以使该单元格区域或单元格中的数据成为容易受访问者关注的亮点。

不同于以上几个类型的表格，状态类表格所引用的样式通常是应用到 <tr>、<td> 或 <th>中的。状态类表格的4种样式如表5-2所示。

表 5-2　状态类表格

类名	描述	对应颜色
.active	对某一特定的行或单元格应用悬停颜色	#f5f5f5
.success	表示一个成功的或积极的动作	#dff0d8
.warning	表示一个需要注意的警告	#fcf8e3
.danger	表示一个危险的或潜在的负面动作	#f2dede

【**实例 5-6**】 制作状态类表格，代码如下。

```
<div class="container" >
    <div class="row" style="width:80%;margin: 5px auto;">
        <table class="table">
            <thead>
                <tr>
                    <th>课程名称</th>
                    <th>学生</th>
                    <th>期末成绩</th>
                </tr>
            </thead>
            <tbody>
                <tr class="active">
                    <td class="success">网站设计与制作</td>
                    <td>张三</td>
                    <td>90</td>
                </tr>
                <tr class="warning">
                    <td>网站设计与制作</td>
                    <td>李四</td>
                    <td>不及格</td>
                </tr>
                <tr>
                    <td>网站设计与制作</td>
                    <td>王二</td>
                    <td    class="danger">58</td>
                </tr>
            </tbody>
        </table>
    </div>
</div>
```

运行【实例 5-6】代码，效果如图 5-9 所示。

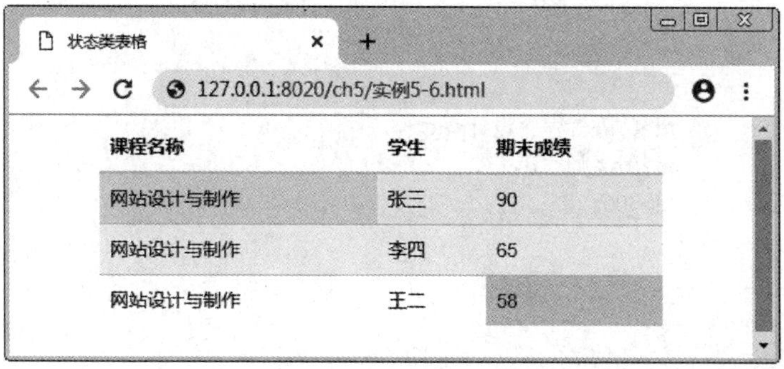

图 5-9　状态类表格

Bootstrap 为状态类表格提供了 4 种不同的样式，【实例 5-6】中使用.warning 表示了一个需要注意的警告。另外，样式.success 表示成功、积极的，样式.danger 表示危险的，例如已经不及格了。

5.2.7　响应式表格

随着技术的快速发展，以智能手机为首的移动端设备迅速普及，为了能让制作的 Web 页面适合用各种设备浏览，目前响应式设计的呼声越来越高。在 Bootstrap 中也为表格提供了响应式的效果，称为响应式表格。

不同于以上几种表格的设计思路，Bootstrap 提供了一个.table-responsive 类的容器，容器具有响应式效果，然后将制作的基本类表格<table class="table">置于这个容器当中，那么这个表格也就同时具有了响应式效果。

Bootstrap 中响应式表格效果表现为：当浏览器可视区域小于 768px 时，表格底部会出现水平滚动条；当浏览器可视区域大于 768px 时，表格底部的水平滚动条就会消失。

【实例 5-7】　制作响应式表格，代码如下。

```html
<div class="table-responsive">
<table class="table">
    <thead>
        <tr>
            <th>课程名称</th>
            <th>授课老师</th>
            <th>选课人数</th>
        </tr>
    </thead>
    <tbody>
        <tr>
            <td>网站设计与制作</td>
            <td>刘老师</td>
            <td>300</td>
        </tr>
        <tr>
            <td>Photoshop</td>
            <td>章老师</td>
            <td>300</td>
        </tr>
        <tr>
            <td>C 语言程序设计</td>
            <td>殷老师</td>
            <td>300</td>
        </tr>
    </tbody>
</table>
</div>
```

运行【实例 5-7】代码，效果如图 5-10 所示。

a)   b)

图 5-10 不同尺寸下显示的样式

a) 视口宽度较小的状态   b) 视口宽度较大的状态

5.3 案例：商品列表数据展示

5.3.1 案例展示

本例主要展示商品列表，效果如图 5-11 所示。

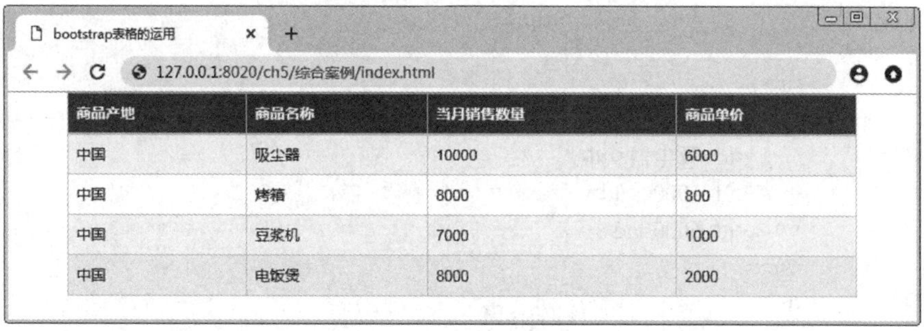

图 5-11 商品列表数据展示

5.3.2 案例分析

根据图 5-11 所示的页面效果分析，完成项目要分为以下 3 步。

第 1 步：编写商品列表的基本型表格代码。

第 2 步：链接 Bootstrap 样式表，为基本型表格调用条纹状表格、带边框的表格以及鼠标悬停表格样式。

第 3 步：为标题行元素调用状态类表格中的.success 样式，并将其默认的背景颜色修改为#0099FF（蓝色）。

5.3.3 案例实现

使用 HBuilder 编辑器，在 HBuilder 中新建一个 Web 项目，将下载的 Bootstrap 框架中的 bootstrap. css 文件复制到 css 目录中。

1．为页面链接 Bootstrap 样式表

在<head>中添加如下代码，为页面链接 Bootstrap 样式表。

```
<meta charset="utf-8">
```

```
<title>bootstrap 表格的运用</title>
<link href="css/bootstrap.css" rel="stylesheet">        <!--链接 bootstrap.css 样式表-->
<link href="css/index.css" rel="stylesheet">          <!--链接 index.css 样式表-->
```

2．编写商品列表的基本型表格代码

编写商品列表的基本型表格代码如下。

```
<div class="container">
    <div class="row table-responsive">
      <table class="table ">
      <thead>
          <tr>
              <th>商品产地</th>
              <th>商品名称</th>
              <th>当月销售数量</th>
              <th>商品单价</th>
          </tr>
      </thead>
      <tbody>
          <tr>
              <td>中国</td>
              <td>吸尘器</td>
              <td>10000</td>
              <td>6000</td>
          </tr>
          <tr>
              <td>中国</td>
              <td>烤箱</td>
              <td>8000</td>
              <td>800</td>
          </tr>
          <tr>
              <td>中国</td>
              <td>豆浆机</td>
              <td>7000</td>
              <td>1000</td>
          </tr>
              …
          <tr>
              <td>中国</td>
              <td>无人机</td>
              <td>500</td>
              <td>30000</td>
          </tr>
      </tbody>
      </table>
    </div>
```

```
            </div>
```

3. 为基本型表格调用表格样式

为基本型表格调用条纹状表格、带边框的表格以及鼠标悬停表格样式，代码如下。

```
<table class="table table-striped table-bordered table-hover ">
```

运行效果如图 5-12 所示。 

图 5-12　调用条纹状表格、带边框的表格以及鼠标悬停表格样式

4. 为标题行元素调用状态类表格中的.success 样式

为标题行添加.success 类样式。

```
<thead>
    <tr class="success">       <!—将标题行设置为.success 样式-->
        <th>商品产地</th>
        <th>商品名称</th>
        <th>当月销售数量</th>
        <th>商品单价</th>
    </tr>
</thead>
```

运行效果如图 5-13 所示。 

图 5-13　将标题行设置为.success 样式

5. 修改标题行背景颜色

在自己定义的 index.css 样式表中将绿色的.success 样式的默认背景颜色修改为#0099FF（蓝色），代码如下。

```
.table > thead > tr.success > th,
.table > tbody > tr.success > th,
.table > tfoot > tr.success > th {
    color:#FFF;background:#09F; !important      /* 设置!important，则具有最高优先权 */
}
```

最终运行效果如图 5-11 所示。

5.3.4   案例拓展

为整个案例设置整体的页面效果，页面中主体区域的效果如图 5-14 所示。

图 5-14   商品展示列表页的整体效果

1. 主体区域的 HTML 代码实现

主体区域的 HTML 代码如下。

```
<nav class="navbar navbar-fixed-top">
<div class="container">
    <div class="navbar-header">
        <button  type="button"  class="navbar-toggle"  data-toggle="collapse"  data-target=".navbar-
main-collapse"><i class="fa fa-bars"></i> </button>
            <img src="images/logo.png" alt="" class="img-responsive logo">
    </div>
    <div class="collapse navbar-collapse navbar-right navbar-main-collapse">
        <ul class="nav navbar-nav">
            <li><a href="#" >首  页</a></li>
            <li><a href="#">跨境直购</a></li>
            <li><a href="#">在线选货</a></li>
            <li><a href="#">行业资讯</a></li>
            <li><a href="#">会员服务</a></li>
        </ul>
    </div>
```

78

```
    </div>
  </nav>
  <div class="banner">
    <div class="banner-mid">
      <div class="wenzi">
        <h1>专业销售平台</h1>
        <h3>齐全·快速·便捷</h3>
      </div>
      <img src="images/computer.png"class="img-responsive pic" alt="Cinque Terre" >
    </div>
  </div>
  <div class="container lmbg"><div class="lmbt">热门销售商品</div></div>
```

2．主体区域的 CSS 样式核心代码实现

主体区域的 CSS 样式核心代码如下。

```
/*  导航和 logo */
nav{min-height:80px;background:#106fc1; !important}
.navbar-fixed-top{position:static !important}
.nav{min-height:80px;background:#106fc1; !important}
.navbar{margin-bottom:0px;!important}
.logo{width:240px;height:60px;margin-top:10px;float:left;}

/* banner 区域 */
.banner{width:100%;height:260px;background-repeat: no-repeat;background-position-x: 50%;
background-position-y: 0px; background-image:url(../images/banner.jpg);padding:30px 0px;box-sizing:
border-box}
/*  内容和栏目标题部分 */
.neirong{width:90%;max-width:1170px;margin:20px auto;min-height:300px;box-sizing:border-box;}
.lmbg{width:90%;max-width:1170px;height:50px;margin:30px auto 0px;background:url(../images/lmbg.
png)}
.lmbt{width:40%;max-width:200px;height:50px;margin:0px   auto;line-height:50px;font-size:18px;letter-
spacing:2px;text-align:center;color:#C00;background:#FFF;}
/*  最小宽度 768px 情况下导航和 banner 的样式  */
@media (min-width: 768px) {
.navbar-nav > li > a {
    padding-top: 10px;
    padding-bottom: 10px;
    line-height: 60px;color:#FFF !important; }
    .navbar-nav > li > a:hover{ color: #555;background-color: #e7e7e7 !important; }
    .banner{width:100%;height:260px;background-repeat: no-repeat;background-position-x: 50%;
    background-position-y: 0px; background-image:url(../images/banner.jpg);padding:30px 0px;box-sizing:
border-box}
    .banner-mid{width:90%;max-width:1100px;height:200px;margin:0px auto;padding:20px 0px;box-
sizing:border-box;}
    .banner-mid .wenzi{width:200px;height:140px;float:left;}
    .banner-mid .wenzi h1{width:250px;height:60px;line-height:60px;font-size:40px;font-weight:600;
```

```
color:#FFF;
        letter-spacing:1px;
        text-align:center}
        .banner-mid .wenzi h3{width:250px;height:20px;line-height:20px;font-size:18px;font-weight:400;
    color:#FFF;letter-spacing:2px;text-align:center}
        .banner-mid .pic{float:right;margin-top:-25px;}
        }
    /* 最大宽度 767px 情况下导航和 banner 的样式   */
    @media (max-width: 767px) {
    .navbar-nav > li > a {color:#FFF;!important}
    .navbar-nav > li > a:hover{ color: #555;
    background-color: #e7e7e7;!important}
    .navbar-toggle { margin-top: 15px;background:rgba(255,255,0,0.9);    margin-right: 20px !important; }
        .banner{width:100%;height:220px;background-repeat: no-repeat;background-position-x: 50%;
        background-position-y: 0px; background-image:url(../images/banner.jpg);padding:30px 0px;box-
sizing:border-box}
        .banner-mid{width:96%;height:200px;margin:0px auto;padding:20px 0px;box-sizing:border-box;}
        .banner-mid .wenzi{width:200px;height:140px;float:left;}
        .banner-mid .wenzi h1{width:230px;height:50px;line-height:50px;font-size:36px;font-weight:600;
color:#FFF;
        letter-spacing:1px;
        text-align:center}
        .banner-mid .wenzi h3{width:230px;height:20px;line-height:20px;font-size:16px;font-weight:400;
color:#FFF;
    letter-spacing:2px;text-align:center}
        .banner-mid .pic{float:right;width:210px;height:auto;}
        }
```

3．页脚区域的实现

页脚区域的 HTML 代码如下。

```
<footer>版权所有：XXX 有限公司    联系方式：12388888888 </footer>
```

页脚区域的 CSS 样式表核心代码如下。

```
footer{width:100%;height:60px;margin:0px;background:#106fc1;line-height:60px;color:#FFF;text-
align:center;margin-top:30px;}
```

5.4　习题与项目实践

1．选择题

（1）Bootstrap 中的.table-striped 类表示（　　）。

　　A．在<tbody> 内添加斑马线形式的条纹

　　B．为表格的所有单元格添加边框

　　C．在 <tbody> 内的任一行启用鼠标悬停状态

D．让表格更加紧凑

（2）在 Bootstrap 中，（　　）类实现将悬停的颜色应用在行或者单元格上。

A．.active　　　　B．.success　　　　C．.striped　　　　D．.warning

2．实践项目：使用 Bootstrap 实现表格页面布局。

（1）登录网易财经网（https://money.163.com/），实现如图 5-15 所示的"自选股"板块页面布局效果。

（2）登录网易体育网（https://sports.163.com/），实现如图 5-16 所示的"射手榜"板块页面布局效果。

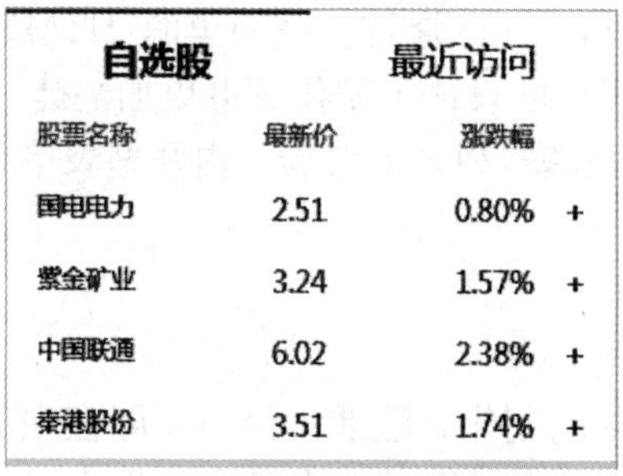

图 5-15　"自选股"板块页面布局效果 　　　　图 5-16　"射手榜"板块页面布局效果

第6章 Bootstrap 表单

6.1 表单布局的类型

表单是 HTML 的一个重要组成部分，一般来说，网页通常会通过"表单"的形式收集来自用户的信息，然后将表单数据返回服务器，以备登录或查询之用，从而实现 Web 搜索、注册、登录、问卷调查等功能。

在网页制作中，默认的表单样式过于单调，所以在网页中插入表单后可以使用 Bootstrap 快速地对表单进行优化。Bootstrap 的表单样式简洁灵活，通过一些简单的 HTML 标签和扩展的类即可创建出不同样式的表单，使得网页中表单的设计与制作变得更加快捷。

Bootstrap 提供了 3 种常见的表单布局，分别是基本型表单布局、内联型表单布局和水平排列型表单布局。

6.1.1 基本型表单

基本型表单结构是 Bootstrap 自带的，其具体的制作方法非常简单，即在完成的表单基础上，先在父<form> 元素添加 role="form"，role="form"是语义化属性，是给浏览器和搜索引擎识别的；接着把标签和控件放在一个带有.form-group 类的 <div> 中，这是获取最佳间距所必需的；最后向所有输入元素 <input>、<textarea> 和 <select> 添加 class ="form-control"。

【实例6-1】 制作基本型表单，代码如下。

```
<div class="maincontent">
<form role="form">
  <div class="form-group">
    <label for="name">您的账号</label>
    <input type="text" class="form-control" id="name" placeholder="请设置您的账号">
  </div>
  <div class="form-group">
    <label for="name">您的密码</label>
    <input type="password" class="form-control" id="password" placeholder="请设置您的密码">
  </div>
  <div class="checkbox">
  <div class="form-group">请选择您的性别</div>
  <label>
    <input type="radio" name="RadioGroup1" value="单选" id="RadioGroup1_0">男性
  </label>
  <label>
```

```
                <input type="radio" name="RadioGroup1" value="单选" id="RadioGroup1_1">女性
        </label>
        </div>
    <div class="form-group">
        <label for="inputfile">请上传您的头像</label>
        <input type="file" id="inputfile">
    </div>
    <button type="submit" class="btn btn-default">提交</button>
    </form>
    </div>
```

为外层<div>编写 CSS 样式类.maincontent，代码如下。

```
.maincontent{
    width:600px;
    margin:20px auto;
    padding:15px;
    line-height:30px;
    border-radius:20px;
    border:1px #3399FF solid;
    background:#f5f5f5;
}
```

运行【实例 6-1】代码，效果如图 6-1 所示。

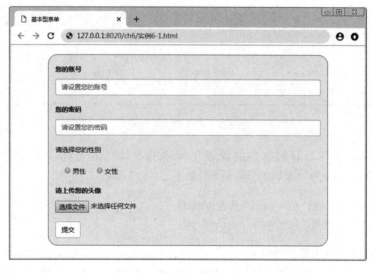

图 6-1　基本型表单效果

6.1.2　内联型表单

　　内联型表单样式是网页中常见的一种表单样式。根据部分网站页面设计的要求，可能无法实现基本型表单这样宽松的效果，而是需要将不同的表单组件并排放置在同一行。Bootstrap 的内联型表单为创造这样的网页样式提供了便利。

在基本型表单的基础上，为<form>标签添加 class="form-inline"即可实现内联型表单。

【实例 6-2】 制作内联型表单，代码如下。

```
<div class="maincontent">
<form class="form-inline" role="form">
<div class="form-group">
    <label    for="name">账号</label>
    <input type="text" class="form-control" id="name"    placeholder="请输入账号">
</div>
<div class="form-group">
    <label    for="name">密码</label>
    <input type="password" class="form-control" id="name"    placeholder="请输入密码">
</div>
<div class="checkbox">
    <label><input type="checkbox"> 记住密码</label>
</div>
<button type="submit" class="btn btn-default">提交</button>
</form>
</div>
```

然后为外层<div>编写.maincontent 类样式，可直接应用【实例 6-1】中的样式代码。
运行【实例 6-2】代码，效果如图 6-2 所示。

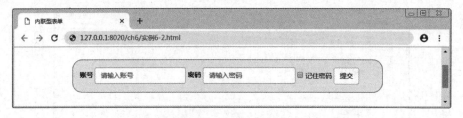

图 6-2　内联型表单效果

在设计网站页面时，有时需要隐藏表单元素的具体标签名称，这样的效果仅需要在<lable>标签中添加.sr-only 类即可实现，代码如下。

```
<label class="sr-only" for="name">账号</label>
<label class="sr-only" for="name">密码</label>
```

隐藏标签名称的效果如图 6-3 所示。

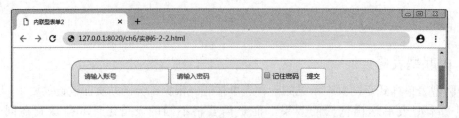

图 6-3　隐藏标签名称的内联型表单效果

6.1.3　水平排列型表单

从外观上看，简单的水平排列型表单和内联型表单比较相似，但是两者不仅标签的数量不同，而且在宽度的设置上也不同，水平排列型表单可以使用栅格系统完成标签和表单空间的宽度设置，具体操作如下。

首先，向父 <form>标签添加 .form-horizontal 类。

其次，将标签和表单控件放在一个带有 .form-group 类的 <div> 中。

最后，为标签添加.control-label 类。

【**实例 6-3**】　制作水平排列型表单，代码如下。

```
<div class="maincontent">
<form class="form-horizontal" role="form">
<div class="form-group">
    <label class="col-sm-2 control-label" for="name">账号</label>
    <div class="col-sm-9">
        <input type="text" class="form-control" id="name" placeholder="请输入名字">
    </div>
  </div>
<div class="form-group">
    <label class="col-sm-2 control-label" for="password">密码</label>
    <div class="col-sm-9">
      <input type="password" class="form-control" id="password" placeholder="请输入密码">
    </div>
</div>
    <div class="form-group">
      <div class="col-sm-offset-2 col-sm-10">
        <div class="checkbox">
          <label> <input type="checkbox">记住密码</label>
        </div>
      </div>
    </div>
    <div class="form-group">
      <div class="col-sm-offset-2 col-sm-10">
        <button type="submit" class="btn btn-default">登录</button>
      </div>
    </div>
  </form>
  </div>
```

为外层<div>编写.maincontent 类样式，可直接应用【实例 6-1】中的样式代码。

运行【实例 6-3】代码，效果如图 6-4 所示。

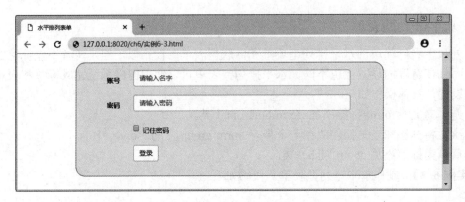

图 6-4　水平排列型表单效果

6.2　表单中控件的分类

按照控件的填写方式不同，可以将其分为输入类控件和菜单列表类控件。输入类控件一般以<input>标签开始，说明这类控件需要用户输入数据；而菜单列表类控件则以<select>标签开始，表示用户可以进行选择。Bootstrap 支持最常见的表单控件，主要包括 input、textarea、checkbox、radio 和 select。

除此之外，Bootstrap 还专门设置了一个静态控件，用于在一个水平排列型表单内的表单标签后放置纯文本。

6.2.1　Bootstrap 支持的表单控件

1．input 控件（输入框）

在 HTML 表单中，input 是最常用的控件。用户可以在其中输入大多数必要的表单数据。Bootstrap 提供了对所有原生的 HTML5 的 input 类型的支持，包括 text、password、datetime、datetime-local、date、month、time、week、number、email、url、search、tel 和 color。适当的类型声明是必需的，因为这样才能让 input 获得完整的样式。

【**实例 6-4**】 input 控件的使用，代码如下。

```
<div class="maincontent">
<form role="form">
  <div class="form-group">
    <label for="name">标签</label>
    <input type="text" class="form-control" placeholder="文本输入">
  </div>
</form>
</div>
```

运行【实例 6-4】代码，效果如图 6-5 所示。

2．textarea 控件（文本框）

当需要进行多行文字输入时，可以使用 textarea 控件，通过修改 rows 的属性值来设置文本框的初始行数。

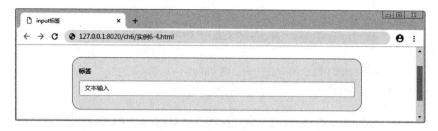

图 6-5　输入框效果

【实例 6-5】　textarea 控件的使用，代码如下。

```
<div class="maincontent">
<form role="form">
  <div class="form-group">
    <label for="name">文本框</label>
    <textarea class="form-control" rows="3"></textarea>
  </div>
</form>
</div>
```

为外层<div>编写的 maincontent 类样式可直接采用【实例 6-1】的代码。
运行【实例 6-5】代码，效果如图 6-6 所示。

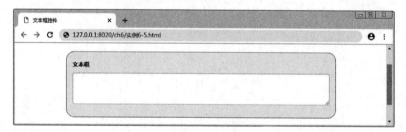

图 6-6　文本框效果

3．复选框（Checkbox）和单选按钮（Radio）

复选框和单选按钮用于让用户从一系列预设置的选项中进行选择。复选框允许用户在一组选项中选择一个或多个，用 checked 属性表示默认已选项。而使用单选按钮，用户在一组选项里只能选择一个，选项一般以一个圆框表示。

【实例 6-6】　复选框（Checkbox）和单选框（Radio）的使用，代码如下。

```
<div class="maincontent">
  <form role="form">
    <label for="name">默认的复选框实例</label>
    <div class="checkbox">
        <label><input type="checkbox" value="1">选项 1</label>
    </div>
    <div class="checkbox">
        <label><input type="checkbox" value="2">选项 2</label>
    </div>
```

```
        <div class="checkbox">
            <label><input type="checkbox" value="3">选项 3</label>
        </div>
        <label for="name">默认的单选按钮实例</label>
        <div class="radio">
         <label>
            <input type="radio" name="optionsRadios" id="optionsRadios1" value="option1" checked>
                选项 1
         </label>
        </div>
        <div class="radio">
            <label>
            <input type="radio" name="optionsRadios" id="optionsRadios2" value="option2">
                选项 2-选择它将会取消选择选项 1
            </label>
        </div>
    </form>
</div>
```

运行【实例 6-6】代码，效果如图 6-7 所示。

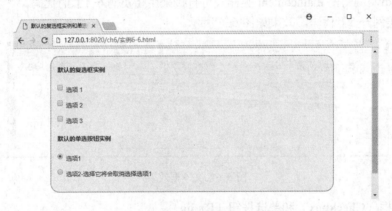

图 6-7　复选框和单选按钮效果

图 6-6 显示的是复选框和单选按钮的默认样式，这里的选项都是垂直对齐的，如果需要控制这些选项将它们显示在同一行上，则需要为复选框和单选框使用.checkbox-inline 或.radio-inline 样式，代码如下。

```
<label class="checkbox-inline">
    <input type="checkbox" id="inlineCheckbox1" value="option1"> 选项 1
</label>
<label class="checkbox-inline">
    <input type="checkbox" id="inlineCheckbox2" value="option2"> 选项 2
</label>
<label class="checkbox-inline">
    <input type="checkbox" id="inlineCheckbox3" value="option3"> 选项 3
</label>
```

修改后的复选框样式如图 6-8 所示。

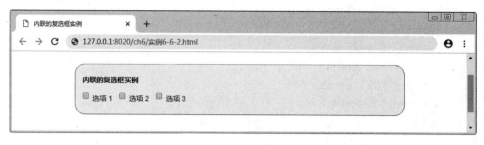

图 6-8　内联的复选框样式

4. 选择框（Select）

选择框属于菜单列表类表单控件，这类控件往往可选择的项目较多，使用单选按钮比较浪费控件。可以说选择框控件主要是为了节省页面空间而设计使用的。

【实例 6-7】　选择框（Select）的使用，代码如下。

```
<div class="maincontent">
  <form role="form">
    <div class="form-group">
      <label for="name">选择列表</label>
      <select class="form-control">
        <option>北京市</option>
        <option>上海市</option>
        <option>广州市</option>
        <option>深圳市</option>
        <option>南京市</option>
      </select>
    </div>
  </form>
</div>
```

运行【实例 6-7】代码，效果如图 6-9 所示。

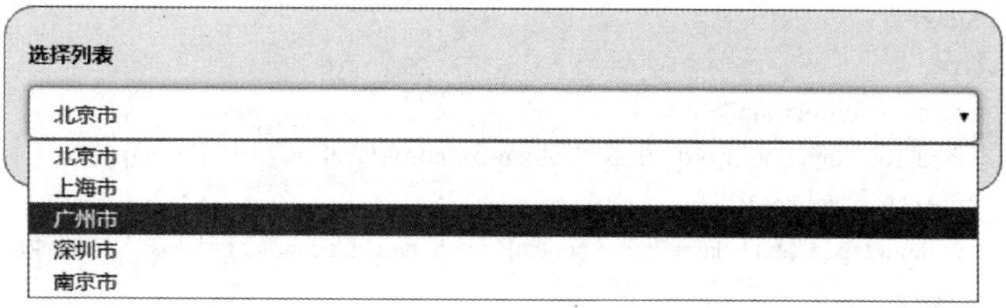

图 6-9　选择框效果

使用选择框控件时，默认情况下只能选择一个选项，如果允许用户选择多个选项，则可以在<select>标签中添加 multiple="multiple" 属性。

【实例 6-8】　允许用户选择多个选项的代码如下。

```
<label for="name">可多选的选择列表</label>
<select multiple class="form-control">
    <option>北京市</option>
    <option>上海市</option>
    <option>广州市</option>
    <option>深圳市</option>
    <option>南京市</option>
</select>
```

运行【实例 6-8】代码，页面效果如图 6-10 所示。

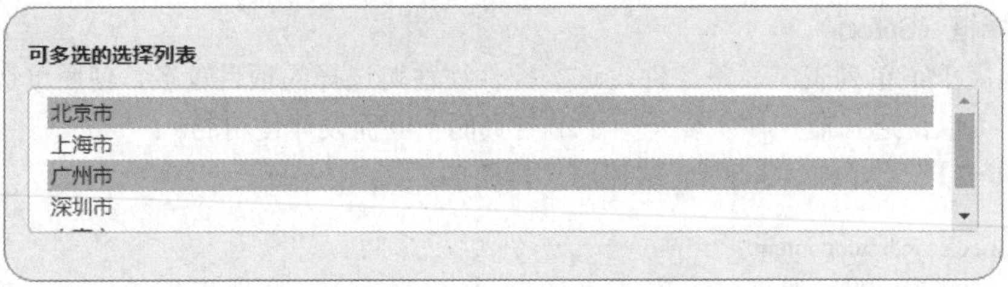

图 6-10 可多选的选择列表框效果

6.2.2 静态控件

所谓静态控件，即需要在表单中将一行纯文本和 label 元素放置于同一行，为<p>元素添加.form-control-static 类即可。静态控件主要用于示范演示。

【实例 6-9】 使用静态控件，代码如下。

```
<div class="maincontent">
<form class="form-horizontal" role="form">
    <div class="form-group">
        <label class="col-sm-2 control-label">Email 示例</label>
        <div class="col-sm-10">
            <p class="form-control-static">email@example.com</p>
        </div>
    </div>
    <div class="form-group">
        <label for="inputPassword" class="col-sm-2 control-label">输入邮箱</label>
        <div class="col-sm-9">
            <input type="text" class="form-control" id="email" placeholder="请输入邮箱地址">
        </div>
    </div>
</form>
</div>
```

运行【实例 6-9】代码，效果如图 6-11 所示。

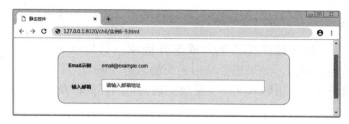

图 6-11　静态控件效果

6.3　表单控件的状态

6.3.1　焦点状态

　　焦点状态其实就是指当使用快捷键或鼠标选中该控件时，该控件所显示出来的样式。在焦点状态下，用户可输入或选择相关的信息。

　　焦点状态是通过伪类:focus 来实现的。Bootstrap 框架中表单控件的焦点状态删除了outline 的默认样式，重新设置了阴影效果。

　　【实例 6-10】　实现焦点状态，代码如下。

```
<div class="maincontent">
<form class="form-horizontal" role="form">
  <div class="form-group">
    <label class="col-sm-2 control-label">焦点 1</label>
    <div class="col-sm-9">
      <input class="form-control" id="focusedInput" type="text" value="获得焦点的状态">
    </div>
  </div>
  <div class="form-group">
    <label class="col-sm-2 control-label">焦点 2</label>
    <div class="col-sm-9">
      <input class="form-control" type="text" value="未获得焦点的状态">
    </div>
  </div>
</form>
</div>
```

运行【实例 6-10】代码，效果如图 6-12 所示。

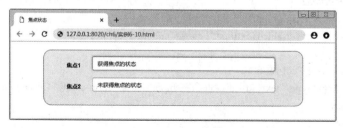

图 6-12　焦点状态效果

6.3.2　禁用状态

禁用状态的作用是使控件无法输入或选择选项，禁用状态通过在表单控件上添加 disabled 属性来实现。例如，如果想要禁用一个输入框 input，只需要在<input>标签中添加 disabled 属性，这不仅会禁用输入框，还会改变输入框的样式以及当鼠标指针悬停在元素上时呈现的样式。

【实例 6-11】　设置表单元素的禁用状态，代码如下。

```
<div class="maincontent">
<form class="form-horizontal" role="form">
  <div class="form-group">
    <label for="inputPassword" class="col-sm-2 control-label">禁用</label>
    <div class="col-sm-9">
      <input class="form-control" id="disabledInput" type="text" placeholder="该输入框禁止输入..." disabled>
    </div>
  </div>
</form>
</div>
```

为外层<div>编写的.maincontent 类样式与【实例 6-1】相同。

运行【实例 6-11】代码，页面效果如图 6-13 所示。

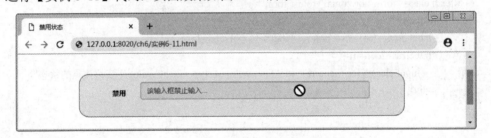

图 6-13　禁用状态效果

如果需要禁用的不仅仅是某些个别的控件，而是要禁用整个表单的字段集，即禁用表单内的所有控件，可以在表单中对<fieldset>标签添加 disabled 属性。

【实例 6-12】　禁用表单内的所有控件，代码如下。

```
<div class="maincontent">
<form class="form-horizontal" role="form">
  <fieldset disabled>
    <div class="form-group">
      <label for="disabledTextInput" class="col-sm-5 control-label">禁用输入（Fieldset disabled）</label>
      <div class="col-sm-6">
        <input type="text" id="disabledTextInput" class="form-control" placeholder="禁止输入">
      </div>
    </div>
    <div class="form-group">
```

```
              <label for="disabledSelect" class="col-sm-5 control-label">禁用选择菜单（Fieldset disabled）
</label>
              <div class="col-sm-6">
                <select id="disabledSelect" class="form-control">
                  <option>禁止选择</option>
                </select>
              </div>
            </div>
          </fieldset>
        </form>
      </div>
```

为外层<div>编写的.maincontent 类样式与【实例 6-1】相同。

运行【实例 6-12】代码，页面效果如图 6-14 所示。

图 6-14 禁用字段集

6.3.3 验证状态

验证状态旨在告诉用户他们的操作是否正确。Bootstrap 中提供了如下 3 种验证状态样式。

➢ .has-success：成功状态（绿色）。

➢ .has-error：错误状态（红色）。

➢ .has-warning：警告状态（黄色）。

想要表单达到验证状态，只需要对父元素简单地添加适当的类（.has-warning、.has-error 或 .has-success）即可完成。

【实例 6-13】 验证状态，代码如下。

```
      <div class="maincontent">
      <form class="form-horizontal" role="form">
        <div class="form-group has-success">
          <label class="col-sm-2 control-label" for="inputSuccess">输入成功</label>
          <div class="col-sm-9">
            <input type="text" class="form-control" id="inputSuccess">
          </div>
        </div>
        <div class="form-group has-warning">
          <label class="col-sm-2 control-label" for="inputWarning">输入警告</label>
          <div class="col-sm-9">
            <input type="text" class="form-control" id="inputWarning">
          </div>
```

```
      </div>
      <div class="form-group has-error">
        <label class="col-sm-2 control-label" for="inputError">输入错误</label>
        <div class="col-sm-9">
          <input type="text" class="form-control" id="inputError">
        </div>
      </div>
    </form>
  </div>
```

为外层\<div\>编写的.maincontent 类样式与【实例 6-1】相同。

运行【实例 6-13】代码，页面效果如图 6-15 所示。

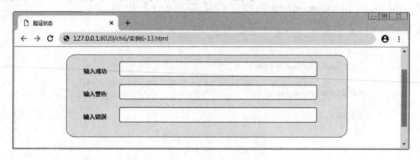

图 6-15　验证状态

从效果可看出，3 种样式除了颜色不同外，效果都一样。

在 Bootstrap 的表单验证中，不同状态会提供不同的图标，如成功是个对号"√"、错误是个叉号"×"等。若想让表单在不同状态下显示对应的图标，则需在对应状态下添加.has-feedback 类，并通过在表单中添加\<span\>元素来调用@face-face 制作相应的图标。

【实例 6-14】　验证状态的图标效果，代码如下。

```
    <div class="maincontent">
    <form class="form-horizontal" role="form">
      <div class="form-group has-success has-feedback">
        <label class="col-sm-2 control-label" for="inputSuccess">输入成功</label>
        <div class="col-sm-9">
          <input type="text" class="form-control" id="inputSuccess">
          <span class="glyphicon glyphicon-ok form-control-feedback"></span>
        </div>
      </div>
      <div class="form-group has-warning has-feedback">
        <label class="col-sm-2 control-label" for="inputWarning">输入警告</label>
        <div class="col-sm-9">
          <input type="text" class="form-control" id="inputWarning">
          <span class="glyphicon glyphicon-warning-sign form-control-feedback"></span>
        </div>
      </div>
      <div class="form-group has-error has-feedback">
```

```
                <label class="col-sm-2 control-label" for="inputError">输入错误</label>
                <div class="col-sm-9">
                    <input type="text" class="form-control" id="inputError">
                    <span class="glyphicon glyphicon-remove form-control-feedback"></span>
                </div>
            </div>
        </form>
    </div>
```

运行【实例 6-14】代码，效果如图 6-16 所示。

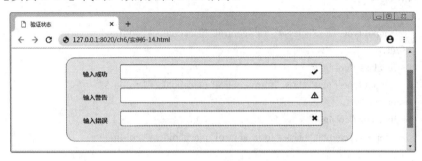

图 6-16 验证状态的图标效果

6.3.4 控件尺寸

在网页设计中，通常会根据页面元素的尺寸来调整表单控件的尺寸，以使得表单能够更加符合网页的风格。通过 Bootstrap，可以分别使用.input-lg 和 .col-lg-*类来设置表单的高度和宽度，快速地对表单进行优化。

【实例 6-15】 控件尺寸的使用，代码如下。

```
        <div class="maincontent">
        <form role="form">
            <div class="form-group">
                <input class="form-control input-lg" type="text" placeholder=".input-lg">
            </div>
            <div class="form-group">
                <input class="form-control" type="text" placeholder="默认输入">
            </div>
            <div class="form-group">
                <input class="form-control input-sm" type="text" placeholder=".input-sm">
            </div>
            <div class="form-group"></div>
            <div class="form-group">
                <select class="form-control input-lg">
                    <option value="">.input-lg</option>
                </select>
            </div>
            <div class="form-group">
```

```
            <select class="form-control">
                <option value="">默认选择</option>
            </select>
        </div>
        <div class="form-group">
            <select class="form-control input-sm">
                <option value="">.input-sm</option>
            </select>
        </div>
        <div class="row">
            <div class="col-lg-2">
                <input type="text" class="form-control" placeholder=".col-lg-2">
            </div>
            <div class="col-lg-3">
                <input type="text" class="form-control" placeholder=".col-lg-3">
            </div>
            <div class="col-lg-4">
                <input type="text" class="form-control" placeholder=".col-lg-4">
            </div>
        </div>
    </form>
</div>
```

为外层<div>编写的.maincontent 类样式与【实例 6-1】相同，设置 div 宽为 1200px。
运行【实例 6-15】代码，效果如图 6-17 所示。

<div align="center">图 6-17　不同控件尺寸效果</div>

6.3.5　表单帮助文本

　　Bootstrap 表单控件可以为输入框添加一个块级帮助文本，该帮助文本可以用来辅助说明
输入框中需要填写的内容，或填写内容的规范写法等。其具体的做法通常是在<input>标签中
再添加一个<span>标签并赋予 class="help-block"，接着于<span>标签中添加相应的文本。

【**实例 6-16**】 表单帮助文本的使用，代码如下。

```
<div class="maincontent">
  <form role="form">
   <span>帮助文本实例</span>
   <input class="form-control" type="text">
    <span class="help-block">帮助文本，可以用来辅助说明输入框中需要填写的内容，以及填写内
容的规范写法等。</span>
  </form>
</div>
```

为外层<div>编写的.maincontent 类样式与【实例 6-1】相同。

运行【实例 6-16】代码，效果如图 6-18 所示。

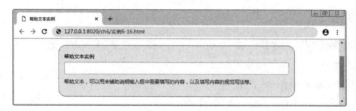

图 6-18　表单帮助文本

6.4　案例：用户信息注册页面制作

6.4.1　案例展示

本例主要展示用户信息注册页面的制作方法，效果如图 6-19 所示。

a)　　　　　　　　　　　　　　　　　　　　b)

图 6-19　用户信息注册页面效果

a) PC 端效果　b) 手机端效果

6.4.2 案例分析

根据图 6-19 所示效果完成该表单项目，需要完成以下几个表单控件。

➢ 账号的设置，该表单属于输入框（input 控件）。

➢ 密码的设置，该表单属于输入框（input 控件），且同时还具备表单帮助文本效果。

➢ 姓名的设置，该表单属于输入框（input 控件）。

➢ 身份的选择，该表单属于选择框（select 控件）。

➢ 邮箱的设置，该表单属于输入框（input 控件）。

➢ 头像的设置，该表单属于 input 控件的文件输入控件。

➢【注册完成】按钮，该表单元素为提交按钮。

值得注意的是，该表单项目中的各项均为水平排列型表单。

6.4.3 案例实现

使用 HBuilder 编辑器，新建一个 Web 项目，将下载的 Bootstrap 框架中的 bootstrap. css 文件复制到 css 目录中。

1．为页面链接 Bootstrap 样式表

在<head>中添加如下代码，为页面链接 Bootstrap 样式表。

```
<meta charset="utf-8">
<title>用户信息页面制作</title>
<meta name="viewport" content="width=device-width, initial-scale=1">
<link href="css/bootstrap.css" rel="stylesheet"> <!-- 链接 bootstrap.css 样式表 -->
<link href="css/style.css" rel="stylesheet"> <!-- 链接 css.css 样式表 -->
```

2．添加表单与表单元素

添加表单并予以赋值，代码如下。

```
<form class="form-horizontal" role="form">
    …
</form>
```

在表单中插入输入框表单控件并将其设为水平排列，完成账号的设置，代码如下。

```
<div class="form-group">
    <label class="col-sm-2 control-label" for="name">账号</label>
    <div class="col-sm-9">
      <input type="text" class="form-control" id="firstname" placeholder="请输入申请的账号">
    </div>
</div>
```

插入输入框表单控件，将其设为水平排列，再添加表单帮助文本效果，完成密码的设置，代码如下。

```
<div class="form-group">
    <label class="col-sm-2 control-label" for="password">密码</label>
    <div class="col-sm-9">
```

```
        <input type="password" class="form-control" id="password" placeholder="请输入账号的密码">
        <span class="help-block">建议：密码为 6-12 位，尽量运用英文大小写 + 阿拉伯数字
</span>
      </div>
    </div>
```

插入输入框表单控件，将其设为水平排列，完成姓名的设置，代码如下。

```
<div class="form-group">
    <label class="col-sm-2 control-label" for="name">姓名</label>
    <div class="col-sm-9">
    <input type="text" class="form-control" id="firstname" placeholder="请输入您的名字">
    </div>
</div>
```

插入选择框表单控件，将其设为水平排列，完成身份的选择，代码如下。

```
<div class="form-group">
<label class="col-sm-2 control-label" for="">身份</label>
    <div class="col-sm-9">
      <select class="form-control">
      <option>教师</option>
      <option>学生</option>
      <option>工程师</option>
      <option>社会学习者</option>
      </select>
    </div>
</div>
```

插入输入框表单控件，将其设为水平排列，完成邮箱的设置，代码如下。

```
<div class="form-group">
    <label class="col-sm-2 control-label" for="name">邮箱</label>
    <div class="col-sm-9">
      <input type="text" class="form-control" id="email" placeholder="请输入您的邮箱">
    </div>
</div>
```

插入表单控件，设置为文件输入并同时设为水平排列效果，完成头像的设置，代码如下。

```
<div class="form-group">
    <label class="col-sm-2 control-label" for="inputfile">头像</label>
    <div class="col-sm-9">
      <input type="file" id="inputfile">
    </div>
</div>
```

插入提交按钮，代码如下。

```
<div class="btn_reg">
        <button type="button" class="btn btn-success btn-block">注册完成</button>
</div>
```

运行代码，页面效果如图 6-20 所示。

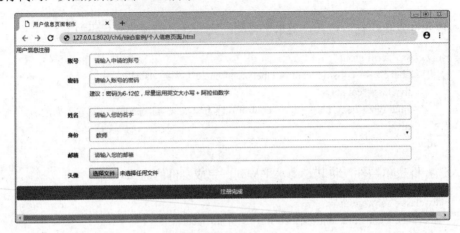

图 6-20　注册页面展示效果

6.4.4　案例拓展

从图 6-20 可以看出，虽然表单的功能均已实现，但表单的样式效果却不尽如人意。本案例所期望的最终效果如图 6-19 所示，所以还需要对表单进行一系列的修饰。

1．页面主体区域的实现

为了实现符合用户习惯的居中状态效果，需要在表单的外围添加一层<div>用于设置表单的位置。同时，为了给表单添加相应的名称，需要在表单的上方添加用于放置表单名称的<div>。

主体区域的代码如下。

```
<div class="maincontent">
  <div class="mainheader">用户信息注册</div>
  <form class="form-horizontal" role="form">
  …
  </form>
</div>
```

2．主体区域的 CSS 样式核心代码

设置网页的相关样式，代码如下。

```
body{
     background:url(../images/bg.jpg) no-repeat;
     overflow:hidden;
}
/*  最小宽度 768px */
@media only screen and (min-width: 768px) {
```

```css
.maincontent{
    width:680px;
    min-height:60px;
    line-height:30px;
    border-radius:20px;
    border:1px #3399FF solid;
    padding:15px;
    box-sizing:border-box;
    background:#f5f5f5;
    position:absolute;
    top:50%;
    left:50%;
    transform:translate(-50%,-50%);
}
.mainheader{
    width:90%;
    height:60px;
    line-height:60px;
    text-align:center;
    font-size:20px;
    font-weight:600;
    border-bottom:1px #999 dashed;
    margin:0px auto 25px;
}
.btn_zc{
    margin:20px auto;
    width:80%;
}
}
/* 最大宽度 767px */
@media only screen and (max-width: 767px) {
    .maincontent{
        width:90%;
        min-height:60px;
        line-height:30px;
        border-radius:20px;
        border:1px #3399FF solid;
        padding:15px;
        box-sizing:border-box;
        background:#f5f5f5;
        position:absolute;
        top:20px;
        left:50%;
        transform:translate(-50%,0);
    }
```

```
.mainheader{
        width:100%;
        height:40px;
        line-height:40px;
        text-align:center;
        font-size:18px;
        font-weight:600;
        border-bottom:1px #ededed dashed;
    }
    .btn_reg{
        margin:20px auto;
        width:80%;
    }
}
```

完成后最终效果如图 6-19 所示。

6.5　习题与项目实践

1．选择题

（1）在 Bootstrap 中创建一个表单，它的所有元素是内联的和向左对齐的，标签是并排的，需要使用（　　）类表达。

    A．.form　　　　　　　　　　　B．.form-inline

    C．.form-horizontal　　　　　　　D．.form-group

（2）Bootstrap 包含了错误、警告和成功消息的验证样式，只需要对父元素简单地添加（　　）类即可表示警告信息。

    A．.has-warning　　　　　　　　B．.warning

    C．.has-success　　　　　　　　　D．.has-error

2．实践项目——使用 Bootstrap 实现表格页面布局

登录京东网站的个人注册页面（https://reg.jd.com/reg/person），实现注册页面布局，如图 6-21 所示；然后实现登录页面布局，如图 6-22 所示。

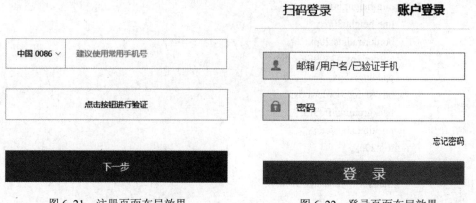

图 6-21　注册页面布局效果　　　　　　　　　图 6-22　登录页面布局效果

第 7 章　使用 Bootstrap 布局组件

Bootstrap 作为完整的前端工具集，内建了大量的强大、优雅的可重用组件，包括字体图标、下拉菜单、按钮、输入框、导航、导航栏、分页、标签与徽章、警告与进度条、多媒体对象与列表组、面板。

7.1　字体图标

7.1.1　字体图标简介

字体图标（Glyphicon）是一种实现单色图标和符号的实用方法，优点就在于它的简洁易用。字体图标的创作者已经为 Bootstrap 提供了一些免费的图标，在开发复杂网站的时候，这些图标有很大的作用，因为多数时候图标更胜于文字。

Bootstrap 中广泛使用的字体图标（https://v3.bootcss.com/components/）如图 7-1 所示。

图 7-1　字体图标

7.1.2　使用字体图标

如需使用字体图标，只需要简单地使用代码调用即可。使用时需要在图标和文本之间保留适当的空间。

常用的字体图标如表 7-1 所示，更多图标可以到官网进行查询。

表 7-1　图标列表

图标	类　名	图标	类　名
Q	glyphicon glyphicon-search	👤	glyphicon glyphicon-user
✉	glyphicon glyphicon-envelope	✏	glyphicon glyphicon-pencil
🗑	glyphicon glyphicon-trash	⤵	glyphicon glyphicon-log-in
⬇	glyphicon glyphicon-save	⬅	glyphicon glyphicon-log-out

字体图标的使用方法比较简单，例如

```
<span class="glyphicon glyphicon-search"></span>
```

就可以实现搜索框。

【实例 7-1】　使用搜索字体图标，代码如下。

```
<div class="col-xs-7">
    <div class="input-group">
        <span class="input-group-addon">
            <span class="glyphicon glyphicon-search"></span>
        </span>
        <input type="text" placeholder="Search" class="form-control" />
    </div>
</div>
```

运行【实例 7-1】代码，效果如图 7-2 所示。

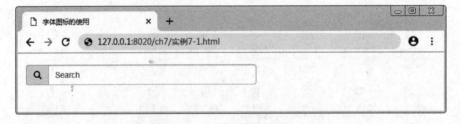

图 7-2　搜索字体图标效果

在<head>部分，可以自定义的 CSS 样式需要包含 Bootstrap 主题有关的 CSS 文件。这里通过<span class="glyphicon glyphicon-search"></span>代码来对搜索字体图标进行定义。

所有字体图标都需要通过基本类以及对应的 icon 类来定义。但是有一点需要注意，图标类不能直接与其他组件相结合，在同一个元素上也不能与其他类一起使用。也就是说，要将嵌入的<span>元素放在内联元素中，该<span>标签的类必须定义为 glyphicon。

【实例 7-2】　使用字体图标，代码如下。

```
<div class="row">
    <button type="button" class="btn btn-default" aria-label="Left Align">
        <span class="glyphicon glyphicon-align-left"></span>
```

```
        </button>
        <button type="button" class="btn btn-danger btn-sm">
           <span class="glyphicon glyphicon-star"></span> 启动
        </button>
        <button class="btn btn-success">
              <span class="glyphicon glyphicon-log-in"></span>登录
        </button>
        <br />
        <button class="btn btn-default">
              <span class="glyphicon glyphicon-envelope"> </span>E-Mail 电子邮箱
        </button>
        <br />
        <button class="btn btn-default">
              <span class="glyphicon glyphicon-user"></span>about us 关于我们
        </button>
        <br />
        <button class="btn btn-waring">
              <span class="glyphicon glyphicon-trash"></span>Empty Trash 清空垃圾桶
        </button>
        <br />
        <button class="btn btn-danger">
              <span class="glyphicon glyphicon-log-out"></span>Clean System 清理系统
        </button>
        <br />
        <button class="btn btn-success">
              <span class="glyphicon glyphicon-log-out"></span>Log out 注销
        </button>
    </div>
```

运行【实例 7-2】代码，效果如图 7-3 所示。

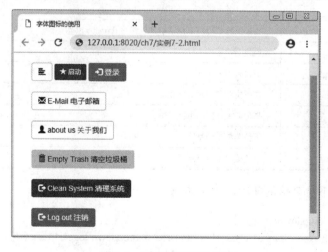

图 7-3 字体图标使用效果

7.2 下拉菜单

7.2.1 认识下拉菜单

如果在一个页面上有许多链接，页面可能会变得庞大而拥挤。为了避免出现这样的情况，可以采用的一种高效方法就是使用下拉菜单，这样只需要利用小部分屏幕区域，就可以把尽可能多的链接包含在页面中。也可以为按钮、标签页、胶囊式标签页和导航条等添加下拉菜单。下拉菜单的效果示例如图 7-4 所示。

图 7-4　下拉菜单效果示例

7.2.2 下拉菜单的使用

下拉菜单主要就是在外层加入 dropdown 类，而在内层可以通过<button>标签设置 data 属性与.dropdown 类对应。

下拉菜单可使用的类与相关描述如表 7-2 所示。

表 7-2　下拉菜单可使用的类

类　名	描　述
.dropdown	指定下拉菜单，下拉菜单都包含在.dropdown 里
.dropdown-menu	创建下拉菜单
.dropdown-menu-right	下拉菜单右对齐
.dropdown-header	在下拉菜单中添加标题
.dropup	指定向上弹出的下拉菜单
.disabled	下拉菜单中的禁用项
.divider	下拉菜单中的分割线

【实例 7-3】 下拉菜单的使用，代码如下。

```
<div class="dropdown">
    <button type="button" class="btn btn-success dropdown-toggle" data-toggle="dropdown">热门电
视剧
        <span class="caret"></span>
    </button>
```

```
        <ul class="dropdown-menu" >
            <li ><a class="dropdown-header" href="#">老中医</a></li>
            <li ><a href="#">都挺好</a> </li>
            <li ><a    href="#">芝麻胡同</a></li>
            <li class="divider"></li>
            <li ><a href="#">黄金瞳</a></li>
            <li ><a    href="#">局中局</a></li>
        </ul>
    </div>
```

运行【实例 7-3】代码，效果如图 7-5 所示，如果给<ul>再添加其他类，还可以实现其他效果，例如给<ul>添加 dropdown-menu-right，代码修改为

```
    <ul class="dropdown-menu dropdown-menu-right" >
```

则可实现控件向右对齐，效果如图 7-6 所示。

图 7-5　下拉菜单使用效果

图 7-6　控件右对齐的效果

【**实例 7-4**】 综合使用字体图标与下拉菜单，代码如下。

```
    <div class="dropdown">
        <a href="#" data-toggle="dropdown" class="dropdown-toggle">
            <span class="glyphicon glyphicon glyphicon-send">
                企业案例 <b class="caret"></b>
            </span>
        </a>
        <ul class="dropdown-menu">
            <li>
                <a href="#"><span class="glyphicon glyphicon-book">体育案例</span></a>
            </li>
            <li class="divider"></li>
            <li>
                <a href="#"><span class="glyphicon glyphicon-bookmark">教育案例</span></a>
            </li>
            <li class="divider"></li>
            <li>
                <a href="#"><span class="glyphicon glyphicon-tags">娱乐案例</span></a>
            </li>
```

```
            </ul>
        </div>
```

运行【实例 7-4】代码，效果如图 7-7 所示。

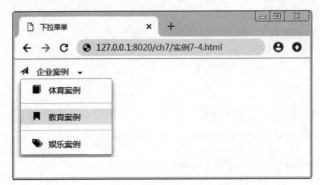

图 7-7　下拉菜单与字体图标综合应用

7.3　按钮组

7.3.1　认识按钮组

按钮组就是将多个按钮集合成一个页面组件。只需要使用.btn-group 类和一系列<a>或者<button>标签，就可以轻易地生成一个按钮组或按钮工具条。

按钮组可使用的类与描述如表 7-3 所示。

表 7-3　按钮组可使用的类

类　名	描　述
.btn-group	该类用于形成基本的按钮组。其中可放置一系列带有 class .btn 的按钮
.btn-toolbar	该类有助于把几组<div class="btn-group"> 结合到一个 <div class="btn-toolbar"> 中，一般可以获得更复杂的组件
.btn-group-lg, .btn-group-sm, .btn-group-xs	这些类可对整个按钮组的大小进行调整，而不需要对每个按钮进行大小调整
.btn-group-vertical	该类用于让一组按钮垂直堆叠显示，而不是水平堆叠显示

【实例 7-5】　将带有.btn 类的多个标签包含在.btn-group 类中，代码如下。

```
<div class="btn-group">
    <p class="btn">p 标签按钮</p>
    <li class="btn">li 标签按钮</li>
    <a class="btn"> a 标签按钮</a>
    <span class="btn"> span 标签按钮</span>
</div>
```

【实例 7-5】使用不同的标签定义了 4 个按钮，然后包含在<div class="btn-group">标签中，预览效果如图 7-8 所示。

通过添加.btn-group-vertical 样式类，例如<div class="btn-group-vertical">，可以设计垂直分布的按钮，效果如图 7-9 所示。

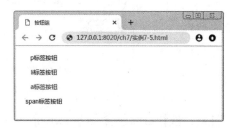

图 7-8　使用不同标签定义了 4 个按钮　　　　　　图 7-9　垂直分布的按钮组

7.3.2　设计按钮导航条

要将多个按钮组包含在一个 btn-toolbar 中，可以设计一个按钮导航条，形成一个更复杂的按钮组件。

【实例 7-6】　设计 3 组按钮组，把它们包含在<div class="btn-toolbar">框中，得到一个分页按钮导航条，代码如下。

```
<div class="btn-toolbar text-center">
    <div class=" btn-group">
        <span class="btn btn-success">
            <span class="glyphicon glyphicon-fast-backward"></span>
        </span>
        <span class="btn btn-success">
            <span class="glyphicon glyphicon-step-backward"></span>
        </span>
    </div>
    <div class=" btn-group">
        <span class="btn">1</span>
        <span class="btn">2</span>
        <span class="btn">...</span>
        <span class="btn">9</span>
        <span class="btn">10</span>
    </div>
    <div class=" btn-group">
        <span class="btn btn-success">
            <span class="glyphicon glyphicon-step-forward"></span>
        </span>
        <span class="btn btn-success">
            <span class="glyphicon glyphicon-fast-forward"></span>
        </span>
    </div>
</div>
```

运行【实例 7-6】代码，效果如图 7-10 所示。

图 7-10　分页导航条效果

注意，按钮必须包含在 btn-group 中，然后才能放入 btn-toolbar 中，也只有这样才能正确渲染整个按钮导航条。

7.3.3　按钮式下拉菜单

Bootstrap 支持把按钮和下拉菜单捆绑在一起，形成按钮式下拉菜单。将按钮包含在 btn-group 中，并为其添加适当的菜单标签，即可让此按钮触发下拉菜单。

【实例 7-7】　创建按钮组，为第一个按钮绑定下拉菜单，通过 data-toggle= "dropdown"触发下拉菜单交互显现，代码如下。

```
<div class="btn-group">
    <button type="button" class="btn btn-primary dropdown-toggle" data-toggle="dropdown">
        按钮式下拉菜单<span class="caret"></span>
    </button>
    <ul class="dropdown-menu" role="menu">
        <li><a href="#">百度搜索</a></li>
        <li><a href="#">搜狗搜索</a></li>
        <li class="divider"></li>
        <li><a href="#">滴滴出行</a></li>
        <li><a href="#">共享单车</a></li>
    </ul>
    <button type="button" class="btn btn-default    dropdown-toggle" >普通按钮</button>
    <button type="button" class="btn btn-primary    dropdown-toggle" >普通按钮</button>
</div>
```

运行【实例 7-7】代码，效果如图 7-11 所示。

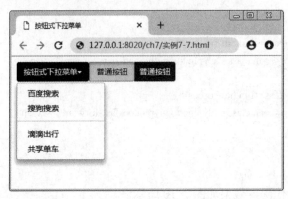

图 7-11　按钮式下拉菜单效果

7.4　输入框组

7.4.1　认识输入框组

输入框组扩展自表单控件。使用输入框组，可以很容易地向基于文本的输入框（<input>标签）添加作为前缀和后缀的文本或按钮等内容。

通过向输入框添加前缀和后缀的内容，可以添加公共的元素。例如，添加人民币符号¥、美元符号$以及@符号等，或者添加应用程序接口所需要的其他公共的元素。

7.4.2　创建输入框组

输入框组的所有内容被包含在一个应用了.input-group 类的<div>标签中，在<div>标签中添加输入框<input>标签，在输入框的前面和后面分别或者同时添加应用.input-group-addon 类的<span>标签，将前缀或后缀的内容放在对应的<span>标签中。

【实例 7-8】　创建输入框组，代码如下。

```
<div class="input-group">
    <span class="input-group-addon">@</span>
    <input type="text" class="form-control" placeholder="用户名" />
</div>
<br />
<div class="input-group">
    <input type="text" class="form-control" placeholder="电子邮件" />
    <span class="input-group-addon">@qq.com</span>
</div>
<br />
<div class="input-group">
    <span class="input-group-addon">¥</span>
    <input type="text" class="form-control" placeholder="价格"  />
    <span class="input-group-addon">.00</span>
</div>
<br />
<div class="input-group">
    <span class="input-group-addon">http://</span>
    <input type="text" class="form-control" placeholder="请输入网址信息"  />
    <span class="input-group-addon">Go！</span>
</div>
```

运行【实例 7-8】代码，效果如图 7-12 所示。

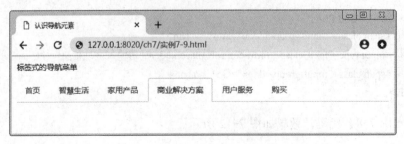

图 7-12 输入框组效果

7.5 导航

通过给无序列表<ul>元素添加一个.nav 类，可以创建一个导航组件。.nav 是一个基类，在此基类的基础上添加.nav-tabs 或.nav-pills 等修饰类，可以改变导航组件的样式。

7.5.1 认识导航元素

以一个带有 class .nav 的无序列表<ul>开始，通过给<ul>标签使用.nav-tabs 修饰类，可以创建标签式导航。

【实例 7-9】 创建一个标签式的导航菜单，代码如下。

```
<p>标签式的导航菜单</p>
<ul class="nav nav-tabs">
  <li><a href="#">首页</a></li>
  <li><a href="#">智慧生活</a></li>
  <li><a href="#">家用产品</a></li>
  <li class="active"><a href="#">商业解决方案</a></li>
  <li><a href="#">用户服务</a></li>
  <li><a href="#">购买</a></li>
</ul>
```

运行【实例 7-9】代码，效果如图 7-13 所示

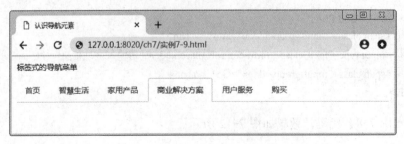

图 7-13 标签式导航效果

通过给【实例 7-9】的<ul>标签使用.nav-pills 修饰类，可以实现胶囊式导航效果。active 这个类一般用在导航菜单中当前高亮的栏目，或者选项卡中当前活动着的选项。

例如，将【实例 7-9】代码第 2 行换为<ul class="nav nav-pills">

运行代码，效果如图 7-14 所示。

图 7-14　胶囊式导航效果

胶囊式导航菜单中的选项也可以按垂直方向堆叠排列，只需要给<ul>元素添加.nav-stacked 类即可。

例如，将【实例 7-9】代码第 2 行换为<ul class="nav nav-pills nav-stacked">

运行代码，效果如图 7-15 所示

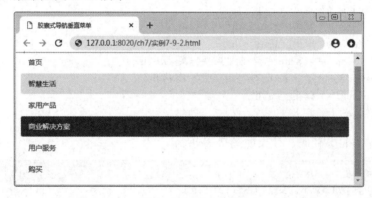

图 7-15　选项垂直堆叠排列的胶囊式导航菜单

7.5.2　两端对齐导航菜单

当屏幕宽度大于 768px 时，通过给<ul>标签使用.nav-justified 类，可以让标签式导航或胶囊式导航与父元素等宽。

【实例 7-10】　创建两端对齐导航菜单，代码如下：

```
<ul class="nav nav-pills nav-justified">
  <li><a href="#">首页</a></li>
  <li><a href="#">智慧生活</a></li>
  <li><a href="#">家用产品</a></li>
  <li class="active"><a href="#">商业解决方案</a></li>
  <li><a href="#">用户服务</a></li>
  <li><a href="#">购买</a></li>
</ul>
```

运行【实例 7-10】代码，效果如图 7-16 所示。

图 7-16 两端对齐导航菜单

7.5.3 禁用的链接

对任何导航组件中的某个链接选项<li>标签都可以应用.disabled 类，从而实现链接为灰色且没有鼠标指针悬停效果，即禁用该链接的:hover 状态。需要注意的是，.disabled 类只改变链接<a>元素的外观，而不改变其功能。

【实例 7-11】 禁用链接的设置，代码如下。

```
<ul class="nav nav-pills nav-justified">
    <li><a href="#">首页</a></li>
    <li><a href="#">智慧生活</a></li>
    <li><a href="#">家用产品</a></li>
    <li class="active"><a href="#">商业解决方案</a></li>
    <li class="disabled"><a href="#">用户服务</a></li>
    <li><a href="#">购买</a></li>
</ul>
```

运行【实例 7-11】代码，效果如图 7-17 所示。

图 7-17 禁用的链接效果

7.5.4 带有下拉菜单的导航

向导航中的链接选项<li>标签添加下拉菜单插件，即可创建带有下拉菜单的导航，还可以添加文字图标效果。

【实例 7-12】 带有下拉菜单导航的综合案例，代码如下。

```
<ul class="nav nav-pills">
    <li>
        <a href="#"><span class="glyphicon glyphicon-home"></span> 首页</a>
    </li>
```

```
        <li class="dropdown active">
            <a href="#" data-toggle="dropdown" class="dropdown-toggle">
                <span class="glyphicon glyphicon glyphicon-send">
                    企业案例  <b class="caret"></b>
                </span>
            </a>
            <ul class="dropdown-menu">
                <li><a href="#"><span class="glyphicon glyphicon-book"> 体育案例</span> </a>
</li>
                <li class="divider"></li>
                <li>
                    <a href="#"><span class="glyphicon glyphicon-bookmark"> 教育案例</span>
</a>
                </li>
                <li class="divider"></li>
                <li><a href="#"><span class="glyphicon glyphicon-tags"> 娱乐案例</span> </a></li>
            </ul>
        </li>
        <li><a href="#"><span class="glyphicon glyphicon-user">联系我们</span></a></li>
    </ul>
```

运行【实例 7-12】代码，效果如图 7-18 所示。

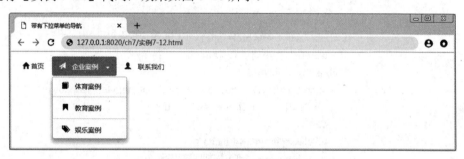

图 7-18　带有下拉菜单的导航效果

7.6　导航栏

7.6.1　认识导航栏

　　导航栏是一个很好的组件，是 Bootstrap 网站的一个突出特点。导航栏在网站中作为导航页头的响应式基础组件，导航栏在移动设备的视图中是折叠的，随着可用视口宽度的增加，导航栏也会水平展开。Bootstrap 导航栏中包括站点名称和基本的导航样式。

　　创建一个基本导航栏的步骤如下。

● 向 <nav> 或 <div> 标签添加 .navbar、.navbar-default 类，也可以同时添加 role="navigation"，以增加可访问性。

● 向<div>标签添加一个标题类 .navbar-header，内部包含了带有 .navbar-brand 类的<a>

标签，用于定义品牌图标。如果是文字，视觉上看起来会更大一号。

● 添加带有.nav、.navbar-nav 类的无序列表。

导航栏可使用的类如表 7-4 所示。

表 7-4 导航栏可使用的类

类　名	描　述
.navbar-inverse	反向颜色，修改导航的外观
.navbar-left	靠左对齐，让导航栏、链接、窗体、按钮、文字等靠左对齐，这是默认效果
.navbar-right	靠右对齐，让导航栏、链接、窗体、按钮、文字等靠右对齐
.navbar-fixed-top	固定顶端，添加.navbar-static-top 类可以建立一个 100%宽度的导航栏，它会随着页面向下滑动而消失；包含.container 或.container-fluid 类可以让导航栏的内容居中对齐
.navbar-fixed-bottom	该类用于让一组按钮垂直方向堆叠显示，而不是水平方向堆叠显示

【实例 7-13】 创建普通导航栏，代码如下。

```
<nav class="navbar navbar-default" role="navigation">
    <div class="container-fluid">
        <div class="navbar-header">
            <a class="navbar-brand" href="#">优博教育</a>
        </div>
        <div>
            <ul class="nav navbar-nav">
                <li class="active"><a href="#">1 对 1 课程 </a></li>
                <li><a href="#">小组课程</a></li>
                <li class="dropdown">
                    <a href="#" class="dropdown-toggle" data-toggle="dropdown">
                        出国留学<b class="caret"></b>
                    </a>
                    <ul class="dropdown-menu">
                        <li><a href="#">美国高校</a></li>
                        <li class="divider"></li>
                        <li><a href="#">欧洲高校</a></li>
                        <li><a href="#">东南亚高校</a></li>
                        <li><a href="#">澳洲高校</a></li>
                    </ul>
                </li>
                 <li><a href="#">艺考课程</a></li>
            </ul>
        </div>
    </div>
</nav>
```

运行【实例 7-13】代码，在 PC 端浏览器或平板计算机上显示的效果如图 7-19 所示，在手机端显示的效果如图 7-20 所示。

图 7-19　普通导航栏 PC 端浏览器成平板计算机上的显示效果　　图 7-20　普通导航栏手机端的显示效果

7.6.2　响应式导航栏

响应式导航栏在不同大小屏幕上显示的效果不同，例如在 PC 端显示的效果如图 7-21 所示。

图 7-21　PC 端显示的效果

在小屏幕的手机端显示的效果如图 7-22 所示。

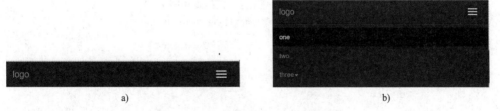

a)　　　　　　　　　　　　　　　　　　b)

图 7-22　小屏幕的手机端显示的效果

a) 手机上的显示效果　b) 单击三横"汉堡按钮"时导航栏文字的显示效果

要实现以上这些功能，必须使用 Bootstrap 折叠（Collapse）插件。就是说，响应式导航栏的实现依赖于.collapse 类，其基类为.navbar。

为了给导航栏添加响应式特性，要折叠的内容必须包含在带有.collapse、.navbar-collapse 类的<div>标签中。

折叠起来的导航栏实际上是一个带有.navbar-toggle 类及两个 data-元素（第一个是 data-toggle，用于告诉 JavaScript 需要对按钮做什么；第二个是 data-target，指示要切换到哪一个元素）的按钮。

使用 3 个带有 class.icon-bar 的<span>标签可以创建"汉堡按钮"。这些<span>标签会切换为.nav-collapse 类中的<div>元素。

【实例 7-14】　创建响应式导航栏的使用，代码如下。

```html
<nav class="navbar navbar-inverse" role="navigation">
    <div class="container">
    <div class="navbar-header">
<!--在手机端显示时导航栏将折叠，呈现汉堡样式，单击可以显示或隐藏导航菜单-->
        <button type="button" class="navbar-toggle" data-toggle="collapse"     data-target=
"#menu">
                    <span class="icon-bar"></span>
                    <span class="icon-bar"></span>
                    <span class="icon-bar"></span>
        </button>
        <a class="navbar-brand" href="#">优博教育</a>
    </div>
    <div id="menu" class="collapse navbar-collapse" >
        <ul class="nav navbar-nav">
            <li class="active"><a href="#">1 对 1 课程 </a></li>
            <li><a href="#">小组课程</a></li>
            <li class="dropdown">
                <a href="#" class="dropdown-toggle" data-toggle="dropdown">
                    出国留学<b class="caret"></b>
                </a>
                <ul class="dropdown-menu">
                    <li><a href="#">美国高校</a></li>
                    <li class="divider"></li>
                    <li><a href="#">欧洲高校</a></li>
                    <li><a href="#">东南亚高校</a></li>
                    <li><a href="#">澳洲高校</a></li>
                </ul>
            </li>
            <li><a href="#">艺考课程</a></li>
        </ul>
    </div>
    </div>
</nav>
```

运行【实例 7-14】代码，在 PC 端浏览器和平板计算机上显示的效果如图 7-23 所示，在手机端显示的效果如图 7-24 所示。

图 7-23　PC 端显示的效果

图 7-24　小屏幕的手机端显示的效果

a) 手机上的显示效果　b) 单击"汉堡按钮"时导航栏文字的显示效果

7.6.3　导航栏的其他特效

1．导航栏中的表单

导航栏中使用.navbar-form 类可以实现导航栏表单效果，这能实现表单在适当的视口中垂直对齐和在较窄的视口中折叠。

使用 .navbar-btn 类可以向不在<form>标签中的<button>标签添加按钮，按钮在导航栏上垂直居中。.navbar-btn 类可使用在<a>标签和<input>标签上，但不要在.navbar-nav 类内的<a>标签中使用.navbar-btn 类，因为它不是标准的 button 类。

【实例 7-15】　导航栏中表单的使用，代码如下。

```
<nav class="navbar navbar-inverse" role="navigation">
    <div class="container-fluid">
    <div class="navbar-header">
        <a class="navbar-brand" href="#">优博教育</a>
    </div>
    <form class="navbar-form navbar-left" role="search">
        <div class="form-group">
            <input type="text" class="form-control" placeholder="课程名称">
        </div>
        <button type="submit" class="btn btn-default">搜索</button>
    </form>
    <button type="button" class="btn btn-default navbar-btn">导航栏按钮</button>
    </div>
</nav>
```

运行【实例 7-15】代码，在 PC 端浏览器和平板计算机上显示的效果如图 7-25a 所示，在手机端显示的效果如图 7-25b 所示。

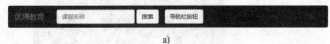
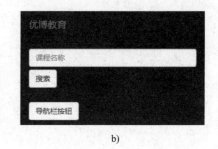

a)   b)

图 7-25　预览效果

a) PC 端浏览器和平板计算机上的显示效果　b) 手机端的显示效果

2．导航栏中的文本与导航链接

使用.navbar-text 类可以在导航栏中插入文本字符串，使用. glyphicon glyphicon-* 类可以在导航中插入文字图标。

【实例 7-16】　创建导航栏中的文本与导航链接，代码如下。

```
<nav class="navbar navbar-default" role="navigation">
    <div class="container-fluid">
        <div class="navbar-header">
            <a class="navbar-brand" href="#">优博教育</a>
        </div>
        <p class="navbar-text">欢迎访问本网站</p>
        <ul class="nav navbar-nav navbar-right">
            <li><a href="#"><span class="glyphicon glyphicon-user"></span> 注册</a></li>
            <li><a href="#"><span class="glyphicon glyphicon-log-in"></span> 登录</a></li>
        </ul>
    </div>
</nav>
```

运行【实例 7-16】代码，效果如图 7-26 所示。

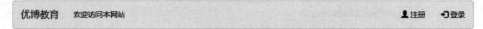

图 7-26　导航栏中的文本与导航链接效果

7.6.4　面包屑导航

面包屑导航（Breadcrumbs）作为辅助和补充的导航方式，能让用户知道在网站或应用中所处的位置，并能方便地回到原先的地点。最常见的面包屑导航样式是横向的文字链接，由大于号 ">" 分开，这个符号也暗示了它们的层级关系。

通常使用面包屑作为用户寻找路径的一种辅助手段，能方便用户定位和导航。它可以减少用户返回上一级页面所需的操作次数，具有临时性和动态性的特点，占用屏幕空间小，干扰性小，同时也降低了网站访问者的总体跳出率。

基于导航功能的面包屑导航可以分为以下几类。

1．基于用户所在的层级位置

基于位置的面包屑导航可以告知用户当前网站的结构层级，常用于具有多级导航（通常具有 2 级以上导航）的网站中，如图 7-27 所示。

您所在的位置： 腾讯首页 ＞ 新闻中心 ＞ 圈点政经 ＞ 正文

图 7-27　腾讯网中的面包屑导航效果

2．基于产品的属性

这种类型的面包屑导航常出现在产品和服务类别较多的网站中，如电子商务网站、网上教学服务网站等，如图 7-28 所示。

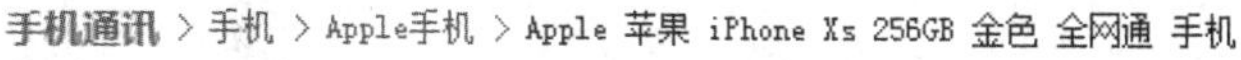

手机通讯 ＞ 手机 ＞ Apple手机 ＞ Apple 苹果 iPhone Xs 256GB 金色 全网通 手机

图 7-28　基于产品属性的面包屑导航效果示例

3．基于用户的足迹

这种导航可以显示用户浏览的足迹，面包屑之间没有明显的层级关系。

【实例 7-17】 面包屑导航的使用，代码如下。

```
<ul class="breadcrumb">
    <li><a href="#">首页</a></li>
    <li><a href="#">出国留学</a></li>
    <li><a href="#">美国高校</a></li>
    <li class="active">麻省理工学院</li>
</ul>
```

运行【实例 7-17】代码，效果如图 7-29 所示。

首页 ／ 出国留学 ／ 美国高校 ／ 麻省理工学院

图 7-29　面包屑导航效果示例

Bootstrap 中的面包屑导航是一个简单的带有 .breadcrumb 类的无序列表，分隔符会通过 CSS（bootstrap.css）中的如下类自动添加。

```
.breadcrumb > li + li:before {
    color: #CCCCCC;
    content: "/\00a0 ";
    padding: 0 5px;
}
```

如果需要修改分隔符号，例如更换为|，则修改 content 的值为|即可。

7.7　分页

7.7.1　认识分页

分页组件可以展示页码，在页面中经常用到。分页组件主要使用无序列表来建立一种顺序效果，其实现非常简单，只需要在<ul>标签中加入. pagination 类即可。

【**实例 7-18**】 分页效果的使用，代码如下。

```
<ul class="pagination">
    <li><a href="#">&laquo;</a></li>
    <li><a href="#">1</a></li>
    <li><a href="#">2</a></li>
    <li><a href="#">3</a></li>
    <li><a href="#">4</a></li>
    <li><a href="#">5</a></li>
    <li><a href="#">&raquo;</a></li>
</ul>
```

运行【实例 7-18】代码，效果如图 7-30 所示。

图 7-30 分页组件效果示例

7.7.2 分页类的其他辅助类

分页类.pagination 还可以搭配其他辅助项目，可使用的辅助类如表 7-5 所示。辅助类主要包含在<li>标签中。

表 7-5 分页可使用的辅助类

类　名	描　述
.disabled	自定义不可单击的链接
.active	指示当前页面
.pagination-lg, .pagination-md .pagination-sm, .pagination-xs	使用这些类可以获取不同大小的项
.pager	添加该类可以获得翻页链接
.previous	上一页，使用.previous 类可以把链接向左对齐
.next	下一页，使用 .next 类可以把链接向右对齐
.pager	换页，是一个简单的分页链接，链接居中对齐

【**实例 7-19**】 创建带有辅助项目的分页组件，代码如下。

```
<ul class="pagination pagination-lg">
    <li><a href="#">&laquo;</a></li>
    <li class="previous"><a href="#" >&lt;上一页</a></li>
    <li><a href="#">1</a></li>
    <li><a href="#">2</a></li>
    <li class="active"><a href="#">3</a></li>
    <li class="disabled"><a href="#">4</a></li>
    <li><a href="#">5</a></li>
```

```
        <li class="next"><a href="#">下一页&gt;</a></li>
        <li><a href="#">&raquo;</a></li>
    </ul>
```

运行【实例 7-19】代码，页面效果如图 7-31 所示。

图 7-31   分页辅助类的效果示例

7.8   标签与徽章

7.8.1   标签的使用

标签主要用于计数、提示或显示页面上的其他标记，Bootstrap 中使用 .label 类来显示标签，此外还有一些辅助类，如表 7-6 所示。

表 7-6   标签的辅助类

类　　名	描　　述
.label label-default	默认的灰色标签
.label label-primary	蓝色标签
.label label-success	绿色标签
.label label-info	浅蓝色标签
.label label-warning	黄色标签
.label label-danger	红色标签

【实例 7-20】   标签的使用，代码如下。

```
<span class="label label-default">默认标签</span>
<span class="label label-primary">主要标签</span>
<span class="label label-success">成功标签</span>
<span class="label label-info">信息标签</span>
<span class="label label-warning">警告标签</span>
<span class="label label-danger">危险标签</span>
```

运行【实例 7-20】代码，效果如图 7-32 所示。

默认标签　主要标签　成功标签　信息标签　警告标签　危险标签

图 7-32   标签的效果示例

7.8.2   徽章的使用

徽章的主要功能在于提示，也可以理解为提示标志，例如用于突出显示新的或未读的项，可呈现为"新"或者"未读"。如需使用徽章，把 <span class="badge"> 添加到链接、Bootstrap 导航等这些元素上即可。

【实例 7-21】 徽章的使用，代码如下。

```
<div class="container">
    <p>邮箱系统：
        <a href="#">收件箱 <span class="badge">12</span></a>
        <a href="#">发件箱 <span class="badge">3</span></a>
    </p>
</div>
```

运行【实例 7-21】代码，效果如图 7-33 所示。

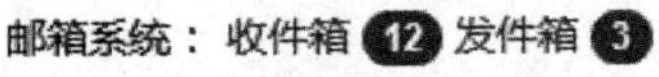

邮箱系统：收件箱 **12** 发件箱 **3**

图 7-33 徽章的效果示例

在激活状态的胶囊式导航和标签式导航中也可以放置徽章，并可以通过使用 <span class="badge"> 来激活链接。

【实例 7-22】 在激活状态的胶囊式导航中放置徽章，代码如下。

```
<ul class="nav nav-pills">
    <li>
        <a href="#">
            最新案例<span class="badge">2</span>
        </a>
    </li>
    <li><a href="#">经典案例</a></li>
    <li class="active">
        <a href="#">
            客户评价<span class="badge">3</span>
        </a>
    </li>
    <li>
        <a href="#">
            客户留言<span class="badge">3</span>
        </a>
    </li>
</ul>
```

运行【实例 7-22】代码，效果如图 7-34 所示。

最新案例 **2**　　　经典案例　　客户评价 **3**　　客户留言 **3**

图 7-34 在激活状态的胶囊式导航中放置徽章效果示例

7.9 超大屏幕与缩略图

7.9.1 超大屏幕的使用

超大屏幕（Jumbotron）可以增加标题的大小，并为登录页面中的内容添加更多的外边距。使用超大屏幕的方法就是创建一个带有.jumbotron类的<div>标签。

【实例7-23】 超大屏幕的使用，代码如下。

```
<div class="jumbotron">
    <div class="container">
        <h1>欢迎进入智慧城市系统！</h1>
        <p>这是一个超大屏幕（Jumbotron）的实例。</p>
        <p><a class="btn btn-success btn-lg" >进入体验</a></p>
    </div>
</div>
```

运行【实例7-23】代码，效果如图7-35所示。

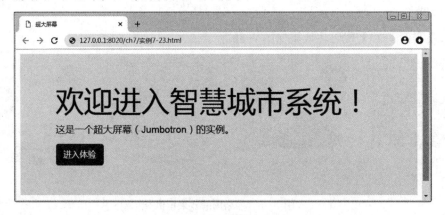

图7-35 超大屏幕效果示例

7.9.2 缩略图的使用

Bootstrap 提供了缩略图组件，可以便于在站点中布局图像、视频、文本等。使用Bootstrap 创建缩略图的具体方法如下。

第1步：在图像周围添加带有 .thumbnail 类的 <a> 标签。

第2步：添加 4px 的内边距（padding）和一个灰色的边框。

第3步：当鼠标指针悬停在图像上时，动画显示图像的轮廓。

【实例7-24】 缩略图的使用，代码如下。

```
<div class="container">
<div class="row">
    <div class="col-sm-6 col-md-3">
        <a href="#" class="thumbnail">
```

```
            <img src="image/1.jpg"    title="三只松鼠 每日坚果 750 克">
        </a>
    </div>
    <div class="col-sm-6 col-md-3">
        <a href="#" class="thumbnail">
            <img src="image/2.jpg"    title="三只松鼠 夏威夷果 250 克">
        </a>
    </div>
    <div class="col-sm-6 col-md-3">
        <a href="#" class="thumbnail">
            <img src="image/3.jpg"    title="三只松鼠   芒果干 250 克">
        </a>
    </div>
    <div class="col-sm-6 col-md-3">
        <a href="#" class="thumbnail">
            <img src="image/4.jpg"    title="三只松鼠 开心果 250 克">
        </a>
    </div>
</div>
```

运行【实例 7-24】代码，效果如图 7-36 所示。

图 7-36　缩略图的效果示例

在一个基本的缩略图之上，可以添加各种 HTML 内容，比如标题、段落或按钮。例如，将带有.thumbnail 类的<a>标签改为<div>，然后可以在该<div>标签内添加任何需要添加的东西。由于这是一个<div>标签，所以可以使用默认的基于 span 的命名规则来调整大小。如果需要将多个图像进行分组，则把它们放置在一个无序列表中，且每个列表项向左浮动。

【实例 7-25】　图文混排缩略图的使用，代码如下。

```
<div class="row">
    <div class="col-sm-6 col-md-3">
        <div class="thumbnail">
            <img src="image/1.jpg">
            <div class="caption">
                <h3>三只松鼠特价</h3>
                <p>每日坚果 750 克  <span class="text-danger">¥126.00</span></p>
                <p>好评  <span class="badge">3266</span></p>
                <p>
```

```
                    <a href="#" class="btn btn-danger" >加入购物车 </a>
                </p>
            </div>
        </div>
    </div>
    <div class="col-sm-6 col-md-3">
        <div class="thumbnail">
            <img src="image/2.jpg">
            <div class="caption">
                <h3>三只松鼠特价</h3>
                <p>夏威夷果 250 克 <span class="text-danger">¥46.00</span></p>
                <p>好评 <span class="badge">13288</span></p>
                <p>
                    <a href="#" class="btn btn-danger" >加入购物车 </a>
                </p>
            </div>
        </div>
    </div>
    <div class="col-sm-6 col-md-3">
        <div class="thumbnail">
            <img src="image/3.jpg">
            <div class="caption">
                <h3>三只松鼠特价</h3>
                <p>芒果干 480 克<span class="text-danger">¥30.00</span></p>
                <p>好评 <span class="badge">1257</span></p>
                <p>
                    <a href="#" class="btn btn-danger" >加入购物车 </a>
                </p>
            </div>
        </div>
    </div>
    <div class="col-sm-6 col-md-3">
        <div class="thumbnail">
            <img src="image/4.jpg">
            <div class="caption">
                <h3>三只松鼠特价</h3>
                <p>开心果 500 克 <span class="text-danger">¥70.00</span></p>
                <p>好评 <span class="badge">988</span></p>
                <p>
                    <a href="#" class="btn btn-danger" >加入购物车 </a>
                </p>
            </div>
        </div>
    </div>
    </div>
</div>
```

运行【实例 7-25】代码，效果如图 7-37 所示。

图 7-37 图文混排缩略图效果示例

7.10 警告与进度条

7.10.1 警告的使用

警告（Alerts）向用户提供了一种定义消息样式的方式。它们为典型的用户操作提供了上下文信息反馈。

创建一个 <div> 标签，向其添加一个 .alert 类和 .alert-success 、.alert-info 、.alert-warning、.alert-danger 4 个上下文类之一，即可创建一个基本的警告框。

也可以在警告条中添加一个可取消的警告，方法为向上面的 <div> 元素中添加可选的.alert-dismissable 类，添加一个关闭按钮。

同时向上面的 <div>标签中添加可选的 .alert-dismissable 类，即可添加一个关闭按钮。

如果要在警告框中创建链接，可使用.alert-link 实体类来快速实现带有匹配颜色的链接。

【实例 7-26】 警告的使用，代码如下。

```
<div class="alert alert-success alert-dismissable">
    <button type="button" class="close" data-dismiss="alert"> &times; </button>
    <a href="#" class="alert-link">成功！很好地完成了提交。</a>
</div>
<div class="alert alert-info alert-dismissable">
     <button type="button" class="close" data-dismiss="alert"> &times; </button>
    <a href="#" class="alert-link">信息！请注意这个信息。</a>
</div>
<div class="alert alert-warning alert-dismissable">
    <button type="button" class="close" data-dismiss="alert"> &times; </button>
    <a href="#" class="alert-link">警告！请不要提交。</a>
  </div>
<div class="alert alert-danger alert-dismissable">
    <button type="button" class="close" data-dismiss="alert"> &times; </button>
    <a href="#" class="alert-link">错误！请进行一些更改。</a>
</div>
```

运行【实例 7-26】代码，效果如图 7-38 所示。

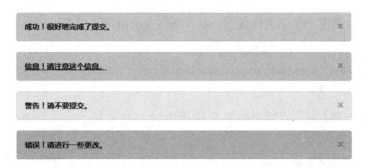

图 7-38　警告框效果示例

7.10.2　进度条的使用

进度条即计算机在处理任务时，实时地以图片或图形形式显示处理任务的速度、完成度、剩余任务量和可能需要的剩余处理时间，一般以长方形条状显示。Bootstrap 进度条通过使用 CSS3 过渡和动画来获得该效果，从而实现创建加载、重定向或动作状态。

进度条的基本使用方法如下。

第 1 步：给外层<div>标签添加.progress 类。

第 2 步：给第 2 层<div>标签添加.progress-bar 类。

第 3 步：添加一个带有百分比表示的宽度 style 属性，例如 "style="width: 80%";"，表示进度条在 80%的位置。

【实例 7-27】　进度条的使用，代码如下。

```
<div class="progress">
    <div class="progress-bar" style="width: 80%;"> </div>
</div>
```

运行【实例 7-27】代码，效果如图 7-39 所示。

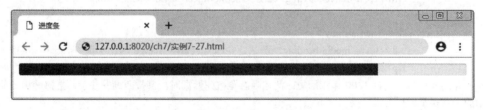

图 7-39　进度条应用效果示例

对于进度条，还可以应用一些辅助类，如表 7-7 所示。

表 7-7　进度条的辅助类

类名	描述
. progress-bar-primary . progress-bar-success . progress-bar-info . progress-bar-warning . progress-bar-danger	显示的状态
. progress-bar-striped	条纹样式
.active	动画样式

【实例7-28】 进度条辅助类的使用，制作条纹及动画样式效果，代码如下。

```
<div class="progress progress-striped active">
    <div class="progress-bar progress-bar-success" style="width: 80%;"></div>
</div>
```

运行【实例7-28】代码，效果如图7-40所示。

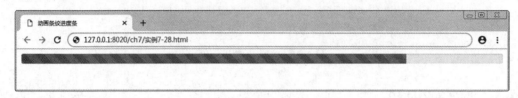

图7-40　条纹及动画样式效果示例

7.11　多媒体对象与列表组

7.11.1　多媒体对象的使用

网页中常用的多媒体对象有图像、视频、音频等，将多媒体对象与文字混排，可以展示较好的视觉效果。Bootstrap 通过对多媒体对象应用样式可以创建各种类型的组件，也可以在组件中实现图文混排的效果，图像还可以左对齐或者右对齐。

多媒体对象可以用更少的代码来实现与文字的混排。

【实例7-29】 多媒体对象的使用，代码如下。

```
<div class="media">
    <div class="media-left">
            <img src="image/tea1.jpg" class="media-object" style="width:100px">
    </div>
    <div class="media-body">
            <h4 class="media-heading">西湖龙井<span class="badge">2019 新茶</span></h4>
            <p>西湖龙井，属绿茶，中国十大名茶之一，产于浙江省杭州市西湖龙井村周围群
山，并因此得名，具有 1200 多年历史。清乾隆游览杭州西湖时，盛赞西湖龙井茶，把狮峰山下胡公庙
前的十八棵茶树封为"御茶"。</p>
    </div>
</div>
<div class="media">
    <div class="media-body">
        <h4 class="media-heading">碧螺春茶 <span class="badge">2019 新茶</span></h4>
            <p >碧螺春是中国传统名茶，中国十大名茶之一，属于绿茶类，已有 1000 多年历史。
碧螺春产于江苏省苏州市吴县太湖的东洞庭山及西洞庭山（今苏州吴中区）一带，所以又称"洞庭碧
螺春"。</p>
    </div>
    <div class="media-right">
            <img src="image/tea2.jpg" class="media-object" style="width:100px">
```

```
            </div>
        </div>
```

运行【实例 7-29】代码，效果如图 7-41 所示。

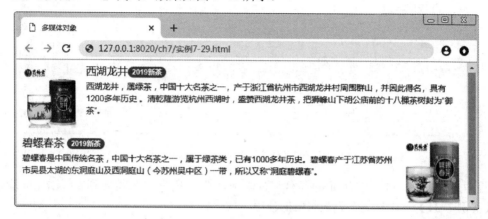

图 7-41 多媒体对象应用效果示例

在<div>标签中添加.media 类可以创建一个多媒体对象。使用.media-left 类可以让多媒体对象（图片）左对齐，同样，使用.media-right 类可以右对齐。如果文本内容放在带有class="media-body"的<div>标签中，若要图片左对齐，须将其放在 class="media-body"之前；若要图片右对齐，则须将其放在 class="media-body"之后。

此外，使用.media-heading 类可以设置标题，使用.media-top、.media-middle、.media-bottom 类可以设置文本在媒体垂直方向的位置。

7.11.2 列表组的使用

列表组用于以列表形式呈现复杂的和自定义的内容。创建一个基本的列表组的方法就是向<ul>标签添加 .list-group 类，再向<li>标签添加 .list-group-item 类。

在<li>元素中添加 <span class="badge">，可以向任意的列表项添加徽章组件，它会自动定位到右边。

同时，针对列表项 list-group-item，Bootstrap 还提供了 danger、success、info、heading、text、warning 等类表示不同状态的列表项。

【实例 7-30】 列表组的使用，代码如下。

```
<ul class="list-group">
    <li class="list-group-item">西湖龙井</li>
    <li class="list-group-item">太平猴魁</li>
    <li class="list-group-item list-group-item-success">
        <span class="badge">2019 新</span>
            碧螺春
    </li>
    <li class="list-group-item">安吉白茶</li>
</ul>
```

运行【实例 7-30】代码，页面效果如图 7-42 所示。

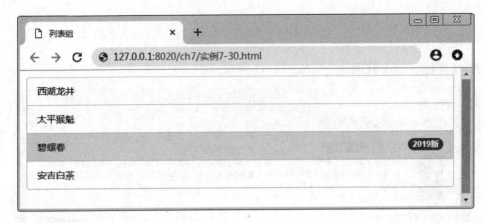

图 7-42　列表组的使用效果示例

程序开发中，还可以使用<a>标签代替列表项，进而借用<a>标签向列表组添加链接。

【实例 7-31】　<a>标签在列表组中的使用，代码如下。

```
<div class="list-group">
    <a href="#" class="list-group-item active">
        <h2 class="list-group-item-heading">艺福堂茗茶官方旗舰店</h2>
    </a>
    <a href="#" class="list-group-item">
        <h4 class="list-group-item-heading">花茶系列　</h4>
        <p class="list-group-item-text">
                安徽贡菊 黄山贡菊花茶 45 克/罐
                <span class="text-danger">¥19.90</span>
        </p>
        <p class="list-group-item-text">
                河南封丘金银花 精选优质金银花茶 70 克/罐
                <span class="text-danger">¥29.80</span>
        </p>
    </a>
    <a href="#" class="list-group-item">
        <h4 class="list-group-item-heading">2019 明前新茶系列</h4>
        <p class="list-group-item-text">
                春茶碧螺春 明前一级江苏原产 250 克/罐
                <span class="text-danger">¥98</span>
        </p>
        <p class="list-group-item-text">
                春茶 明前特级贡韵西湖龙井茶 50g
                <span class="text-danger">¥98.80</span>
        </p>
    </a>
</div>
```

运行【实例 7-31】代码，效果如图 7-43 所示。

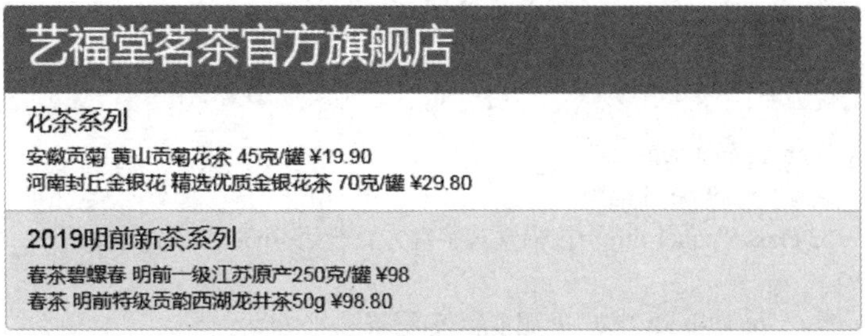

图 7-43　<a>标签在列表组的使用效果示例

7.12　面板

7.12.1　标题、脚注与语境色彩面板

Bootstrap 的面板组件用于把 DOM 组件插入一个盒子中。要创建一个基本的面板，只需要向<div>标签添加.panel 类和.panel-default 类即可。

使用 .panel-heading 类，可以很简单地给面板添加标题。

使用 .panel-footer 类，可以很简单地给面板添加脚注。

使用语境状态类.panel-primary、.panel-success、.panel-info、.panel-warning、.panel-danger，可以设置带语境色彩的面板。

【实例 7-32】　面板的使用，代码如下。

```
<div class="panel panel-primary">
    <div class="panel-heading">
        <h3 class="panel-title">艺福堂茗茶官方旗舰店-花茶系列</h3>
    </div>
    <div class="panel-body">安徽贡菊 黄山贡菊花茶 45 克/罐</div>
    <div class="panel-body">河南封丘金银花 精选优质金银花茶 70 克/罐</div>
    <div class="panel-footer">注：满 2 件打 9 折，满 3 件打 8 折</div>
</div>
```

运行【实例 7-32】代码，效果如图 7-44 所示。

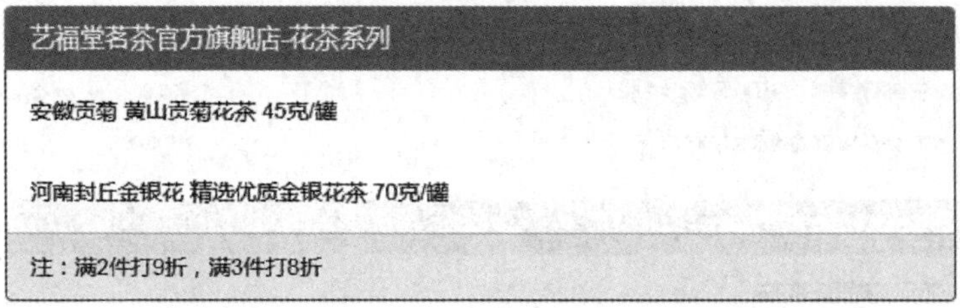

图 7-44　面板的使用效果

7.12.2　带表格与列表组的面板

在面板中可以使用 .table 类创建无边框的表格，使用包含 .panel-body 类的<div>元素，

133

可以向表格的顶部添加额外的边框。在任何面板中还可以包含列表组。

【实例 7-33】 创建带表格与列表组的面板，代码如下：

```
<div class="panel panel-success">
    <div class="panel-heading">
        <h3 class="panel-title">艺福堂茗茶官方旗舰店</h3>
    </div>
    <div class="panel-body">2019 明前新茶-绿茶系列</div>
    <table class="table">
        <th>产品</th><th>价格</th>
        <tr><td>春茶碧螺春 明前一级江苏原产 250 克/罐</td><td>¥98.00</td></tr>
        <tr><td>春茶 明前特级贡韵西湖龙井茶 50g</td><td>¥100.00</td></tr>
    </table>
</div>
<div class="panel panel-primary">
    <div class="panel-heading">
        <h3 class="panel-title">艺福堂茗茶官方旗舰店</h3>
    </div>
    <div class="panel-body">2019 明前新茶-花茶系列</div>
     <ul class="list-group">
        <li class="list-group-item">
            安徽贡菊 黄山贡菊花茶 45 克/罐
              <span class="text-danger">¥19.90</span>
        </li>
        <li class="list-group-item">
            河南封丘金银花 精选优质金银花茶 70 克/罐
              <span class="text-danger">¥29.80</span>
        </li>
    </ul>
</div>
```

运行【实例 7-33】代码，效果如图 7-45 所示。

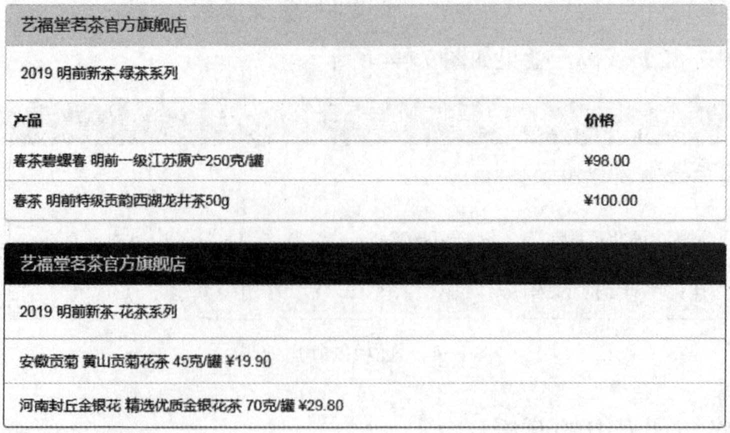

图 7-45　带表格与列表组的面板效果示例

7.13 案例：企业网站主页制作

7.13.1 案例展示

本例主要制作江苏学文教育科技有限公司的主页页面，效果如图 7-46 所示。

a)   b)

图 7-46   企业网站主页效果

a) PC 端显示效果   b) 手机端显示效果

7.13.2 案例分析

根据图 7-43 所示效果，分析页面的基本构成，如图 7-47 所示。

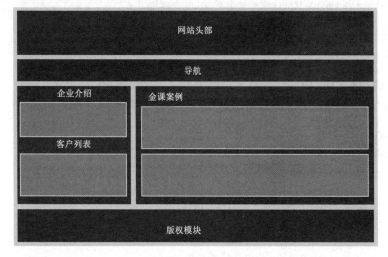

图 7-47   页面的结构

依据图 7-47 所示的结构，在 Bootstrap 中选择适当的布局组件，例如，网站头部与版权模块可以使用超大屏幕来实现；导航使用导航栏类.navbar 来实现，同时，在移动端呈现时导航折叠显示，使用.collapse 类来实现折叠效果；网页主体部分使用栅格布局，放置在.container 类和.row 类的<div>容器中，主体部分分为左右结构，左侧的企业介绍通过对企业图片使用.img-responsive 类实现响应式效果，客户列表用带标题的面板来实现；右侧的两个金课案例使用缩略图来实现。实现思路如图 7-48 所示。

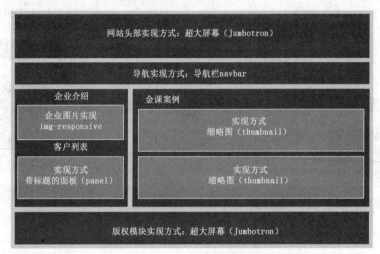

图 7-48　Bootstrap 页面的结构实现思路

7.13.3　案例实现

搭建基本的 Bootstrap 框架后，来实现整个页面的效果。

1．网站头部的实现

网站头部使用超大屏幕来实现，实现代码如下。

```
<div class="jumbotron text-center" style="margin-bottom:0">
        <h1>江苏学文教育科技有限公司</h1>
        <p>研究职业教育课程改革 服务教师教学能力提升</p>
</div>
```

2．网站导航的实现

网站导航使用导航栏类.navbar 来实现，实现代码如下。

```
<nav class="navbar navbar-inverse">
<div class="container">
    <div class="navbar-header">
        <button type="button" class="navbar-toggle" data-toggle="collapse"
        data-target="#menu">
            <span class="icon-bar"></span>
            <span class="icon-bar"></span>
            <span class="icon-bar"></span>
        </button>
```

```
                <a class="navbar-brand" href="#">网站首页</a>
        </div>
        <div id="menu" class="collapse navbar-collapse" >
            <ul class="nav navbar-nav">
                <li class="active"><a href="#">教学咨询 </a></li>
                <li class="active"><a href="#">在线课程开发 </a></li>
                <li class="active"><a href="#">1 对 1 课程 </a></li>
                <li><a href="#">线下金课</a></li>
                <li class="dropdown">
                    <a href="#" class="dropdown-toggle" data-toggle="dropdown">
                        线上金课<b class="caret"></b>
                    </a>
                    <ul class="dropdown-menu">
                        <li><a href="#">思政课程</a></li>
                        <li class="divider"></li>
                        <li><a href="#">通识课程</a></li>
                        <li><a href="#">工科课程</a></li>
                        <li><a href="#">文科课程</a></li>
                    </ul>
                </li>
                <li><a href="#">混合式金课</a></li>
                <li><a href="#">虚拟仿真金课</a></li>
                <li><a href="#">信息化教学</a></li>
            </ul>
        </div>
    </div>
</nav>
```

3．网站主体的栅格布局

网页主体部分放置在.container 类中，为左右结构；在平板计算机上横向显示时，左侧空 4 格，右侧空 8 格；在手机上显示为自上而下的流式布局。实现代码如下。

```
<div class="container">
    <div class="row">
        <div class="col-sm-4">
            <!—左边栏实现-->
        </div>
        <div class="col-sm-8">
            <!--右边栏实现-->
        </div>
    </div>
</div>
```

4．左侧侧边栏布局

网页主体部分放置在.container 类中，左侧企业介绍中的企业图片使用.img-responsive 类实现响应式效果，客户列表用带标题的面板和列表组共同来实现，实现代码如下。

```
<div class="col-sm-4">
<!--左边栏实现-->
    <h4 class="bg-info">企业介绍</h4>
    <div><img src="images/bgcs.jpg" class="img-responsive"></div>
```
<p>江苏学文教育科技有限公司于 2019 年 1 月 22 日在徐州工商局登记注册,主要经营服务:教育信息咨询、在线课程开发、信息化教学实践...</p>
```
    <div class="panel panel-primary">
        <div class="panel-heading">
            <h3 class="panel-title">服务客户列表</h3>
        </div>
        <ul class="list-group">
            <li class="list-group-item">淮安信息职业技术学院</li>
            <li class="list-group-item">江苏电子信息职业学院</li>
            <li class="list-group-item">江苏食品药品职业技术学院</li>
            <li class="list-group-item">徐州工业职业技术学院</li>
        </ul>
    </div>
    <div class="clear"></div>
</div>
```

5. 右侧侧边栏布局

网页主体部分放置在.container 类中,右侧的两个金课案例使用缩略图来实现,实现代码如下。

```
<div class="col-sm-8">
<!--右边栏实现-->
    <h4 class="bg-info">金课案例</h4>
    <div class="thumbnail">
        <img src="images/tb1.jpg" class="img-responsive">
        <div class="caption">
            <h3>微课设计与开发技术  <span class="badge">好评 4300</span></h3>
```
<p>"微课设计与开发技术"课程以微课理论为基础,注重微课的教学设计,围绕微课开发流程逐步展开,共分为五大部分:初探微课、微课的教学设计、微课的开发方式、微课的开发技术、优秀案例展播。</p>
```
            <p class="text-right">
                <a class="text-danger" href="https://www.icve.com.cn/ ">    马上学习</a>
            </p>
        </div>
    </div>
    <div class="thumbnail">
        <img src="images/tb2.jpg" class="img-responsive">
        <div class="caption">
            <h3>职业院校教学能力比赛<span class="badge">好评 666</span></h3>
```
<p>原全国职业院校信息化教学大赛由教育部主办,山东省教育厅、济南市教育局、教育部职业院校信息化教学指导委员会承办,设立信息化教学设计赛项、信息化课堂教学赛项、

信息化实训教学赛项。</p>

```
                    <p class="text-right">
                        <a class="text-danger" href="http://www.ryjiaoshi.com/package/details/47">
                        马上学习
                        </a>
                    </p>
                </div>
            </div>
        </div>
```

6. 网站版权信息栏目的实现

网站版权信息栏目使用超大屏幕实现，实现代码如下。

```
<div class="jumbotron text-center" style="margin-bottom:0">
    <p>版权所有：江苏学文教育科技有限公司</p>
</div>
```

7.13.4 案例拓展

进行网站布局时，要先分析网页结构，然后编写程序代码将网站的区块划分出来，这对初学者来讲较为困难，使用 Bootstrap 的在线编辑工具则可以大大提高效率。这种在线编辑工具与 Bootstrap 提供的模块内容完全相同，等编辑完成下载后可以在本机上进行调整与美化。

在线编辑工具网站地址为http://www.runoob.com/try/bootstrap/layoutit/，页面如图 7-49所示。

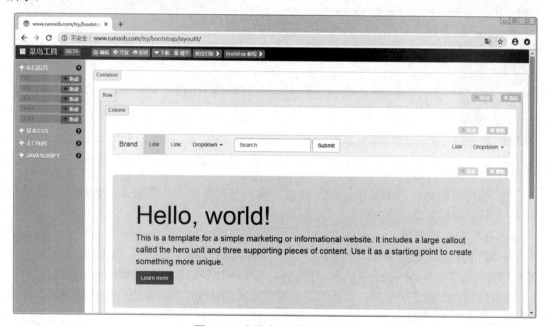

图 7-49　在线布局工具首页页面

1. 布局设置

在网站主页中，单击上方"container"中"row"右侧的"删除"按钮，可以将默认的版式删除，如图 7-50 所示。

图 7-50　删除默认版式

在图 7-50 中，拖动左侧窗格"布局设置"选项中默认的 5 格中的网格样式，例如拖动 "6 6"选项右侧的"拖动"按钮到右侧的窗格中，随即就会产生所选网格样式，如图 7-51 所示。

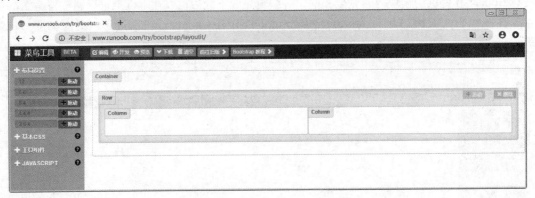

图 7-51　使用鼠标拖动产生网格

用户也可以根据自己的需求，在左侧窗格输入网格数值，注意输入的数值之和要等于 12，每个数值中间需要空格分隔。

2. 基本 CSS 的使用

在"基本 CSS"选项中可以选择各种版式，例如标题、段落、按钮、窗体等。这里在左侧 "基本 CSS"选项中分别拖动一个标题、段落到右侧窗格中的布局区域，如图 7-52 所示。

把组件拖到右侧窗格中后，若该组件有需要设置的属性，则可从上方的面板中进行样式 的设置，如图 7-53 所示。

3. 工具组件的使用

"工具组件"选项中有常用的按钮组、下拉菜单、导航、分页、巨幕、缩略图、面板等 组件选项，例如向右侧窗格中拖动一个缩略图，效果如图 7-54 所示。

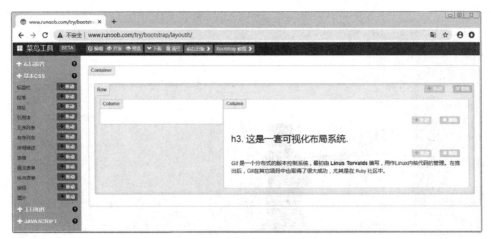

图 7-52　在"基本 CSS"选项中选择内容版式

图 7-53　对组件进行样式调整

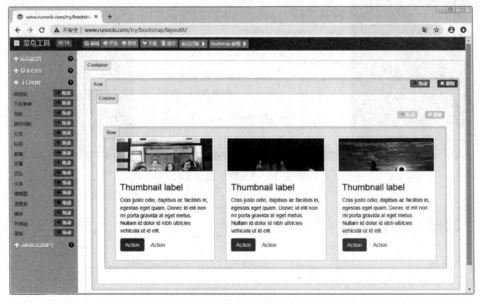

图 7-54　工具组件的使用

4．JavaScript 的使用

在"JavaScript"选项中可以选择常用的互动效果，例如向右侧窗格中拖动一个"幻灯片"，即可获得常说的轮播图效果，如图 7-55 所示。

图 7-55 JavaScript "幻灯片" 组件的使用

5．预览与下载版式

编辑完成后，单击上方工具栏中的"预览"按钮，即可预览页面效果；单击"下载"按钮，即可完成页面框架与代码的下载，如图 7-56 所示。

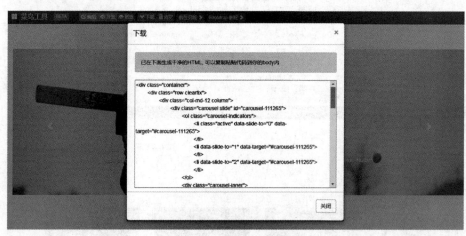

图 7-56 "下载" 对话框

7.14 习题与项目实践

1．选择题

（1）Bootstrap 中的.btn-group 类表示（　　）。

　　A．用于形成基本的按钮组，在其中放置一系列带有 .btn 类的按钮

　　B．让一组按钮水平堆叠显示

　　C．让一组按钮垂直堆叠显示

　　D．实现许多个按钮被堆叠在同一行

（2）在 Bootstrap 中使用（　　）类来实现缩略图效果。

A．.thumbnail　　　　B．.glyphicon　　　　C．. modal　　　　D．.alert

2．实践项目——使用 Bootstrap 布局企业页面

（1）请使用 Bootstrap 可视化布局工具布局如图 7-57 所示的页面效果。

（2）杭州福膜新材料科技股份有限公司是一家新材料科技公司，网址为 http://www.福膜科技.com/，网站主页页面效果如图 7-58 所示，请使用 Bootstrap 来布局页面。

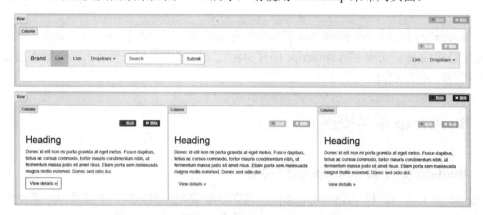

图 7-57　可视化布局页面效果

图 7-58　企业网站主页页面布局效果

第 8 章　Bootstrap 的 JavaScript 插件

Bootstrap 的 JavaScript 插件丰富了网页的互动效果，即使不是专业的 JavaScript 开发人员，也可以应用 Bootstrap 的 JavaScript 插件实现完美的网页效果，而且大部分插件不需要编写任何代码即可被触发应用。

8.1　Bootstrap 插件概述

8.1.1　Bootstrap 的 JavaScript 插件功能

Bootstrap 自带 12 种 JavaScript 插件，包括过渡效果、模态框、下拉菜单、滚动监听、标签页、提示工具、弹出框、警告框、按钮、折叠、轮播及附加导航。

8.1.2　引用 JavaScript 插件的方式

网站引用 Bootstrap 插件的方式有如下两种。

1）单独引用：使用 Bootstrap 的个别 *.js 文件。一些插件和 CSS 组件依赖于其他插件，如果单独引用插件，应先弄清这些插件之间的依赖关系。

2）同时引用：使用 bootstrap.js 或压缩版的 bootstrap.min.js，引用的代码如下。

```
<script src=" bootstrap.min.js"></script>
```

注意：不要尝试同时引用这两个文件，因为 bootstrap.js 和 bootstrap.min.js 都包含了所有插件。

8.1.3　引用 jQuery 插件的方式

由于 Bootstrap 的 JavaScript 插件还使用了一些 jQuery 插件，所以需要引用 jQuery 插件库。jQuery 是一个轻量级的"写得少，做得多"的 JavaScript 库。

jQuery 库是一个 JavaScript 文件，用户可以使用 HTML 的 <script> 标签引用它。

```
<head>
    <script src=" jquery-3.3.1.min.js"></script>
</head>
```

8.2　过渡效果与模态框

8.2.1　过渡效果简介

要使用 Bootstrap 的过渡效果，只需导入 bootstrap.js 或 bootstrap.min.js 文件即可，因为

所有组件默认已经具有基本的过渡效果。默认情况下，模态对话框（Modal）具有滑入滑出和淡入淡出的过渡效果；标签页（Tab）具有淡出的过渡效果；警告框（Alert）具有淡出的过渡效果；轮番（Carousel）具有滑入滑出的过渡效果。

需要注意的是，Bootstrap 的过渡效果全部使用了 CSS3 的动画特性，由于受 CSS3 的限制，它提供的特效非常有限。而且，IE8 及以下的浏览器版本均不支持 CSS3 的动画特性，在这些浏览器中将看不到过渡效果。

例如在模态框中添加 .fade 即可实现渐隐渐现，语句如下。

```
<div class="modal fade" id="myModal" >
```

8.2.2　模态框的概念

在 Bootstrap 框架中，模态框统称为 Modal。这种弹出框效果在大多数 Web 网站的交互中都可见，比如单击一个按钮弹出一个框，弹出的框可能是一段文件描述，也可能带有按钮操作，也有可能是一张图片。模态框也可理解为覆盖在父窗体上的子窗体，通常用来显示来自一个单独的源的内容，可以在不离开父窗体的情况下有一些互动，可提供信息、交互等。如图 8-1 所示为用户注册的模态框。

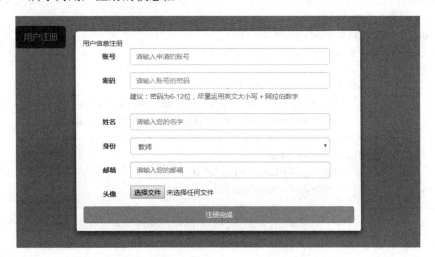

图 8-1　模态框效果示例

8.2.3　静态模态框的使用方法

Bootstrap 框架中的模态框分别运用了 modal、modal-dialog 和 modal-content 样式，而弹出窗真正的内容都放置在 modal-content 中，modal-content 是样式的关键，主要设置弹窗的边框、边距、背景色和阴影等样式，其包括如下 3 个部分。

● 弹出框头部，一般使用 modal-header 表示，主要包括标题和关闭按钮。
● 弹出框主体，一般使用 modal-body 表示，显示弹出框的主要内容。
● 弹出框脚部，一般使用 modal-footer 表示，主要放置操作按钮。

通过 data 属性：在控制器元素（如按钮或者链接）上设置属性 data-toggle="modal"，同时设置 data-target="#identifier"或 href= "#identifier"，可以指定要切换的特定的模态框（带有 id="identifier"）。

通过简单的一行 JavaScript 语句，可以调用带有 id="identifier"的模态框$('#identifier') .modal(options)。

Bootstrap 中的模态框有以下几个特点。

● 模态弹出窗是固定在浏览器中的。

● 单击右侧的全屏按钮可切换到全屏状态，模态框的宽度是自适应的，而且 modal-dialog 水平居中。

● 当浏览器视窗大于 768px 时，模态框的宽度为 600px。

● 模态框的背景常常有一个半透明的蒙层效果。

● 触发模态框时，模态框是从上到下逐渐浮现到页面前的。

【实例 8-1】 调用静态的模态框，代码如下。

```html
<h3>静态的模态框实例</h3>
<!-- 按钮触发模态框 -->
<button class="btn btn-primary btn-md" data-toggle="modal" data-target="#myModal">开始演示模态框</button>
<!-- 模态框（Modal） -->
<div class="modal fade" id="myModal" >
    <div class="modal-dialog">
        <div class="modal-content">
            <div class="modal-header">
                <button type="button" class="close" data-dismiss="modal" >&times;</button>
                <h4 class="modal-title" id="myModalLabel">验证 E-mail 信息</h4>
            </div>
            <div class="modal-body">
                <form class="form-horizontal" >
                  <div class="form-group">
                    <div class="col-sm-9">
                    <input type="text" class="form-control" id="email" placeholder="请输入邮箱地址">
                    </div>
                  </div>
                </form>
            </div>
            <div class="modal-footer">
            <button type="button" class="btn btn-default" data-dismiss="modal">关闭</button>
            <button type="button" class="btn btn-primary">提交验证</button>
            </div>
        </div>
    </div>
</div>
```

运行【实例 8-1】代码，效果如图 8-2 所示。

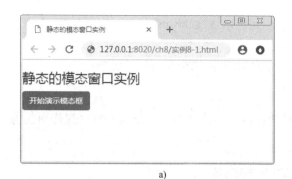

a)	b)

图 8-2 静态模态框效果

a) 静态模态框触发前效果 b) 模态框触发后弹出效果

使用模态框，需要有某种触发器，可以使用按钮或链接，本例使用的是按钮，在按钮元素上设置了属性 data-toggle="modal"，而 data-target="#myModal" 是想要在页面上加载的模态框的目标。在页面上可以创建多个模态框，然后为每个模态框创建不同的触发器。但不能在同一时间加载多个模态框，只能在不同时间进行加载。

在模态框中的调用中，.modal 类用来把<div>容器内的内容识别为模态框，.fade 类在模态框切换时会引起内容淡入淡出的过渡效果。

<div class="modal-header">中的 modal-header 是为模态框头部定义样式的类。class="close"，close 是 CSS 类，用于为模态框的"关闭"按钮设置样式。data-dismiss="modal"是自定义的 HTML5 data 属性，在这里它被用于关闭模态框。class="modal-body"是 Bootstrap 的 CSS 类，用于为模态框的主体设置样式。class="modal-footer"是 Bootstrap 的 CSS 类，用于为模态框的底部设置样式。data-toggle="modal"是 HTML5 自定义的 Data 属性 data-toggle，用于打开模态框。

如果想要支持按〈Esc〉键关闭模态框，需要在模态框上设置 tabindex="-1"，也就是将如下代码

        <div class="modal fade" id="myModal" >

修改为

        <div class="modal fade" id="myModal" tabindex="-1">

8.2.4 模态框中事件的使用

除了一些常用的选项外，模态框还有一些选项可以用来定制模态框的外观和感观，它们是通过 data 属性或 JavaScript 来传递的。模态框默认支持的自定义属性如表 8-1 所示。

表 8-1 模态框默认支持的自定义属性

选项名称	类型/默认值	Data 属性名称	描述
backdrop	boolean 或 string 'static' 默认值：true	data-backdrop	指定一个静态的背景，当用户单击模态框外部时不会关闭模态框
keyboard	boolean 默认值：true	data-keyboard	当按〈Esc〉键时关闭模态框，设置为 false 时则按键无效
show	boolean 默认值：true	data-show	当初始化时显示模态框
remote	path 默认值：false	data-remote	使用 jQuery 的 .load 方法为模态框的主体注入内容。如果添加了一个带有有效 URL 的 href，则会加载其中的内容

除了使用自定义属性 data-触发模态框之外，还可以通过 JavaScript 方法来触发模态框。比如给按钮设置一个单击事件通过单击触发模态框。

另外，只需一行 JavaScript 代码，即可通过元素的 id 调用模态框，例如：

$('#myModal').modal()

Bootstrap 框架中还为模态框提供了几个参数设置，或者说是与 modal() 一起使用的方法，具体说明如表 8-2 所示。

表 8-2　模态框常用的方法

方法	使用实例	描述
Options: .modal(options)	$('#identifier').modal({ keyboard: false })	用内容激活模态框。接受 1 个可选的选项对象
Toggle: .modal('toggle')	$('#identifier').modal('toggle')	手动切换模态框，触发时反转模态框的显示状态
Show: .modal('show')	$('#identifier').modal('show')	触发时，打开模态框
Hide: .modal('hide')	$('#identifier').modal('hide')	触发时，隐藏模态框

如果想取消〈Esc〉键的功能，可用如下代码。

$("#myModal").modal({keyboard:false});

【实例 8-2】　使用 JavaScirpt 代码调用模态框，代码如下。

```
<h3>使用 JavaScirpt 调用模态框</h3>
<!-- 按钮触发模态框 -->
<button type="button" class="btn btn-primary" id="btn" >打开模态框</button>
<!-- 模态框（Modal） -->
<div class="modal fade" id="myModal" >
    <div class="modal-dialog">
        <div class="modal-content">
            <div class="modal-header">
                <button type="button" class="close" data-dismiss="modal" >&times;</button>
                <h4 class="modal-title" id="myModalLabel">验证 E-mail 信息</h4>
            </div>
            <div class="modal-body">
                <form class="form-horizontal" >
                <div class="form-group">
                    <div class="col-sm-9">
                    <input type="text" class="form-control" id="email" placeholder="请输入邮箱地址">
                    </div>
                </div>
                </form>
            </div>
                <div class="modal-footer">
                <button type="button" class="btn btn-default" data-dismiss="modal">关闭</button>
                <button type="button" class="btn btn-primary">提交验证</button>
```

```
            </div>
        </div>
    </div>
</div>
```

编写的 JavaScript 代码如下。

```
<script type="text/javascript">
    $(function(){
        $(".btn").click(function(){
            $("#myModal").modal();
        });
    });
</script>
```

运行【实例 8-2】代码，效果如图 8-3 所示。

 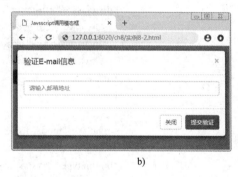

a) b)

图 8-3 使用 JavaScript 代码调用模态框效果

a) 模态框触发前效果 b) 模态框触发后弹出效果

模态框还支持 5 种类型的事件，分别是模态框的弹出前、弹出后，关闭前、关闭后及远端数据加载后，具体描述如表 8-3 所示。

表 8-3 模态框支持的事件

事件	描述	示例

show.bs.modal	在调用 show 方法后触发	$('#identifier').on('show.bs.modal', function () {
		// 执行一些动作…
		})

shown.bs.modal	当模态框对用户可见时触发（须等待 CSS 过渡效果完成）	$('#identifier').on('shown.bs.modal', function () {
		// 执行一些动作…
		})

hide.bs.modal	当调用 hide 方法时触发	$('#identifier').on('hide.bs.modal', function () {
		// 执行一些动作…
		})

hidden.bs.modal	当模态框完全对用户隐藏时触发	$('#identifier').on('hidden.bs.modal', function () {
		// 执行一些动作…
		})

loaded.bs.modal	当远端的数据源加载完数据之后触发	$('#identifier').on(' loaded.bs.modal', function () {
		// 执行一些动作…
		})

【实例 8-3】 模态框插件事件应用，代码如下。

```
<h3>模态框（Modal）插件事件</h3>
<!-- 按钮触发模态框 -->
<button type="button" class="btn btn-primary" id="btn" >打开模态框（测试事件）</button>
<!-- 模态框（Modal） -->
<div class="modal fade" id="myModal" >
    <div class="modal-dialog">
        <div class="modal-content">
            <div class="modal-header">
                <button type="button" class="close" data-dismiss="modal" >&times;</button>
                <h4 class="modal-title" id="myModalLabel">验证 E-mail 信息</h4>
            </div>
            <div class="modal-body">
              <form class="form-horizontal" >
                <div class="form-group">
                    <div class="col-sm-9">
                    <input type="text" class="form-control" id="email" placeholder="请输入邮箱地址">
                    </div>
                </div>
              </form>
            </div>
            <div class="modal-footer">
            <button type="button" class="btn btn-default" data-dismiss="modal">关闭</button>
            <button type="button" class="btn btn-primary">提交验证</button>
            </div>
        </div>
    </div>
</div>
```

【实例 8-3】中的 JavaScript 代码如下。

```
<script type="text/javascript">
    $(function(){
        $(".btn").click(function(){
            $("#myModal").modal("toggle");
        });
    });
    $('#myModal').on('hide.bs.modal', function(){
        $("#btn").html("打开");
    });
    $('#myModal').on('show.bs.modal', function(){
        $("#btn").html("关闭");
    });
</script>
```

运行【实例 8-3】代码，效果如图 8-4 所示。

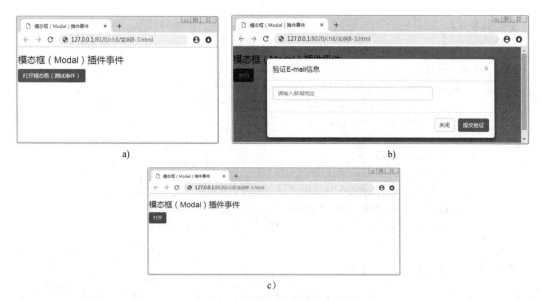

<center>图 8-4　模态框事件应用效果</center>

<center>a) 模态框显示前效果　b) 模态框显示时效果　c) 模态框关闭后效果</center>

8.3　标签页

8.3.1　标签页简介

如果一个网页页面上要显示的信息太多，则不可能把全部内容一下全部显示出来，这时可通过标签页（Tab）的展示方式将各个内容进行分类，用户通过鼠标单击来进行内容的切换，每个标签页只显示一个小区域的位置，进而可以放置的信息就会比原来多，如图 8-5 所示。

<center>图 8-5　标签页页面效果</center>

<center>a) 腾讯网"赛事直播"标签页内容　b) 腾讯网"精彩回放"标签页内容</center>

8.3.2　标签页的基本使用方法

使用标签页时，首先要加入相关类，其次是标签页要与切换内容的名称对应，基本使用方法如下。

第 1 步：在标签页的<ul>标签中设置.nav 和.nav-tabs 两个类接口，以便运用标签组件。

第 2 步：使互动切换部分 href="#id 名称"与显示的内容部分<div id="名称">相对应，也就是 HTML 中的锚点。

要让标签有淡入的过渡效果，只需在每个标签内容的.tab-pane 类后添加.fade 类即可，但第一个标签页需额外添加.in 类，以便正确初始化淡入过渡效果的内容。

【实例8-4】 标签页的基本使用，代码如下。

```
<!--标签部分内容-->
<ul id="myTab" class="nav nav-tabs nav-pills">
    <li class="active"><a href="#home" data-toggle="tab">网站首页</a></li>
    <li><a href="#example" data-toggle="tab">企业案例</a></li>
    <li><a href="#us" data-toggle="tab">联系我们</a></li>
</ul>
<!--标签对应部分的内容-->
<div id="myTabContent" class="tab-content">
    <div class="tab-pane fade in active" id="home">网站首页内容...</div>
    <div class="tab-pane fade" id="example">企业案例内容...</div>
    <div class="tab-pane fade" id="us">联系我们内容...</div>
</div>
```

运行【实例8-4】代码，效果如图8-6所示。

a)   b)

图8-6 标签页的页面效果

a) "网站首页" 标签页效果 b) "联系我们" 标签页效果

8.3.3 标签页的 JavaScript 调用方法

使用.$().tab 方法可以激活标签页元素和内容容器。

标签页需要用一个 data-target 或者一个指向 DOM 中容器节点的 href 来实现。

例如在【实例8-4】中添加如下代码，即可以实现直接显示最后一个标签页内容。

```
<script>
    $(function () {
    $('#myTab a:last').tab('show')
})
</script>
```

最终显示结果如图8-6b所示。

8.4 提示工具

8.4.1 提示工具简介

在网页中，想要描述或说明一个连接点的作用时，可通过提示工具（Tooltip）来实现。

提示工具可使用 CSS 来实现动画效果，用 Data 属性来存储标题信息。此效果的原理为在任意元素中添加一个小覆盖层，以便添加额外的信息，只要鼠标指针移入就能触发，如图 8-7 所示。

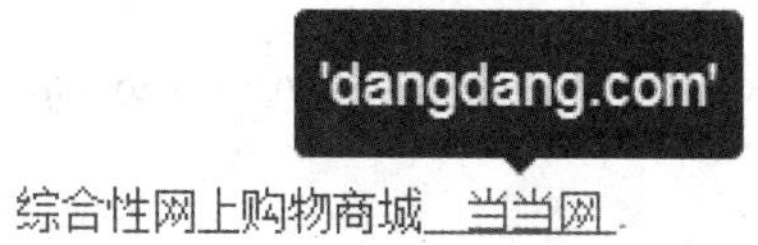

图 8-7　提示工具使用效果

8.4.2　提示工具的基本使用方法

提示工具可根据需求生成内容和标记，默认情况下提示工具放在插件的触发元素后面。添加提示工具的方式具体有以下两种。

第 1 种方式即通过 Data 属性。如需添加一个提示工具，只需向一个锚标签添加 data-toggle="tooltip" 即可，语句如下，锚的 title 即为提示工具的文本。默认情况下，插件把提示工具设置在顶部。

```
<a href="#" data-toggle="tooltip" title="Example tooltip">请悬停在我的上面</a>
```

第 2 种方式即通过 JavaScript 方法。首先加入 jQuery 指令来进行触发操作的声明，并添加 data-toggle 属性作为呼应；其次，使用 data-placement 属性与 title 属性来建立位置与标签内容。

1）添加提示工具初始化语句，如下。

```
<script>
$(function () { $("[data-toggle='tooltip']").tooltip(); });
</script>
```

2）在<a>元素中添加 data-toggle 属性，与初始化语句相呼应，语句如下。

```
<a href="#" class="tooltip-test" data-toggle="tooltip" >百度</a>
```

3）使用 data-placement 属性来指定提示信息出现的 4 个方向，选择 top、right、bottom、left 4 种对齐方式之一，语句如下。

```
<a href="#" class="tooltip-test" data-toggle="tooltip"  data-placement="top">百度</a>
```

4）使用 title 属性来显示提示信息的内容，语句如下。

```
<a href="#" class="tooltip-test" data-toggle="tooltip"    data-placement="top" title="搜索引擎">百度</a>
```

【实例 8-5】　提示工具的基本使用方法示例，代码如下。

```
<h4>锚的提示工具使用</h4>
默认效果  <a href="#" class="tooltip-test" data-toggle="tooltip" title="默认提示">百度</a>.
左侧提示<a href="#" class="tooltip-test" data-toggle="tooltip" data-placement="left" title="搜索引擎">
百度
</a>.
```

顶部提示<a href="#" class="tooltip-test" data-toggle="tooltip" data-placement="top" title="搜索引擎">
 百度
 </a>.

<h4>按钮的提示工具使用</h4>
<button type="button" class="btn btn-default" data-toggle="tooltip" title="默认提示">
 百度
</button>
<button type="button" class="btn btn-default" data-toggle="tooltip" data-placement="bottom"
title="搜索引擎">
百度底部提示
 /button>
<button type="button" class="btn btn-default" data-toggle="tooltip" data-placement="right"
title="搜索引擎">
百度右侧提示
</button>
<script>
 $(function () { $("[data-toggle='tooltip']").tooltip(); });
</script>

运行【实例 8-5】代码，输出结果如图 8-8 所示。

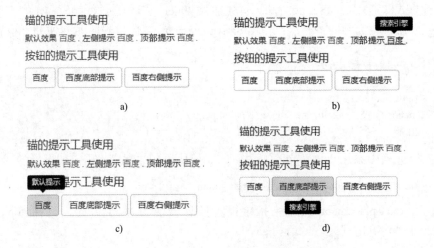

图 8-8　提示工具的页面效果

a) 初始状态　b) 锚点的顶部提示效果　c) 按钮的默认提示效果　d) 按钮的底部提示效果

8.5　弹出框工具

8.5.1　弹出框工具简介

  弹出框（Popover）工具与提示工具的显示模式是雷同的，它提供了一个扩展的视图。二者的差别在于提示工具是当鼠标指针移入时触发操作，而弹出框工具是当鼠标单击时触发的；在显示效果上，弹出框工具还可将标题与内容进行区分。弹出框工具的使用效果如图8-9所示。

图8-9 弹出框工具使用效果示例

8.5.2 弹出框工具的基本使用方法

弹出框工具根据需求生成内容和标记，默认情况下放在插件的触发元素后面。

有以下两种方式可以添加弹出框工具。

第1种方式是通过 data 属性调用。如需添加一个弹出框工具，只需向一个锚/按钮标签添加 data-toggle="popover" 即可，代码如下，锚的 title 即为弹出框文本。默认情况下，插件把弹出框工具设置在顶部。

```
<a href="#" data-toggle="popover" title="提示标题文本">
    请在我的上面点击
</a>
```

第2种方式是通过 JavaScript 启用弹出框工具，代码示例如下。

```
$('#identifier').popover(options)
```

弹出框工具必须使用 jQuery 激活，可使用如下脚本来启用页面中的所有弹出框工具。

```
$(function () { $("[data-toggle='popover']").popover(); });
```

使用弹出框工具的具体步骤可以分为以下4步。

1）添加弹出信息初始化的语句，代码如下。

```
<script>
$(function (){$("[data-toggle='popover']").popover(); });
</script>
```

2）在\<a>或\<button>元素中添加 date-toggle 属性，与初始化语句相呼应。

3）使用 date-placement 属性来指定弹出信息出现的 4 个方向，有 top、right、bottom、left 等对齐方式可选择。

4）使用 title 属性来显示弹出信息的标题。

5）使用 data-content 属性来显示弹出信息的内容。

【实例8-6】 弹出框工具的基本使用示例，代码如下。

```
<div class="container" style="padding: 100px 50px 10px;" >
    <button type="button" class="btn btn-default" title="全球最大的中文搜索引擎"
        data-container="body" data-toggle="popover" data-placement="left"
```

```
          data-content="www.baidu.com">
      百度网
      </button>
      <button type="button" class="btn btn-primary" title="亚太地区较大的网络零售"
          data-container="body" data-toggle="popover" data-placement="top"
          data-content="www.taobao.com">
      淘宝网
      </button>
      <button type="button" class="btn btn-success" title="中国最大的互联网综合服务提供商"
          data-container="body" data-toggle="popover" data-placement="bottom"
          data-content="www.qq.com">
      腾讯网
      </button>
      <button type="button" class="btn btn-warning" title="综合性网上购物商城"
          data-container="body" data-toggle="popover" data-placement="right"
          data-content="www.dangdang.com">
      当当网
      </button>
  </div>
  <script>
  $(function (){$("[data-toggle='popover']").popover(); });
  </script>
```

运行【实例 8-6】代码，在页面中分别单击几个按钮，弹出框工具效果如图 8-10 所示。

图 8-10 弹出框工具的页面效果

8.5.3 弹出框工具的方法与事件

弹出框工具常用的方法如表 8-4 所示。

表 8-4 弹出框工具的方法

方法	使用示例	描述
Options: .popover(options)	$().popover(options)	向元素集合附加弹出框句柄
Toggle: .popover('toggle')	$('#element').popover('toggle')	切换显示/隐藏元素的弹出框
Show: .popover('show')	$('#element').popover('show')	显示元素的弹出框
Hide: .popover('hide')	$('#element').popover('hide')	隐藏元素的弹出框
Destroy: .popover('destroy')	$('#element').popover('destroy')	隐藏并销毁元素的弹出框

弹出框工具常用的事件如表 8-5 所示。

表 8-5 弹出框工具常用的事件

事件	使用实例	描述

show.bs.popover	`$('#mypopover').on('show.bs.popover', function () {`
	`    // 执行一些动作...`
	`})`
		当调用 show 实例方法时立即触发该事件

shown.bs.popover	`$('#mypopover').on('shown.bs.popover', function () {`
	`    // 执行一些动作...`
	`})`
		当弹出框对用户可见时触发该事件（将等待 CSS 过渡效果完成）

hide.bs.popover	`$('#mypopover').on('hide.bs.popover', function () {`
	`    // 执行一些动作...`
	`})`
		当调用 hide 实例方法时立即触发该事件

hidden.bs.popover	`$('#mypopover').on('hidden.bs.popover', function () {`
	`    // 执行一些动作...`
	`})`
		当工具提示对用户隐藏时触发该事件（将等待 CSS 过渡效果完成）

【实例 8-7】 弹出框工具的方法与事件使用示例，代码如下。

```
<div clas="container" style="padding: 100px 50px 10px;" >
    <button type="button" class="btn btn-primary popover-show"
            title="亚太地区较大的网络零售" data-container="body"
            data-toggle="popover"
            data-content="网址：www.taobao.com">
        淘宝网
    </button>
</div>
<script>
$(function () { $('.popover-show').popover('show');});
    $(function () { $('.popover-show').on('shown.bs.popover', function () {
        alert("淘宝网是中国深受欢迎的网购零售平台，拥有近 5 亿的注册用户数。");
    })
});
</script>
```

运行【实例 8-7】代码，输出结果如图 8-11 所示。

图 8-11 弹出框工具的方法与事件使用页面效果

8.6 折叠框工具

8.6.1 折叠框工具简介

折叠框工具可以让页面区域进行折叠，让一些内容暂时收合，待用户单击时再展开弹出提示，效果如图 8-12 所示。

8.6.2 折叠框工具的基本使用方法

折叠框工具的使用方法有两种：一是加入相关类，二是标

图 8-12 折叠框工具使用效果示例

签与切换内容的名称相对应。

1）将 date-toggle= "collapse"属性添加到需要展开或折叠的链接组件上。

2）在互动切换的部分有 href="#id 名称"与\<div id="名称">相呼应。

3）要添加折叠样式的群组管理，需要添加 data-parent="#名称"属性。此属性名称要对应最外层的\<div id="名称">。如果没有添加此属性，那么必须用鼠标单击两次才会执行折叠操作，反之，当单击其他标签时，刚刚展开的内容会自动折叠起来。

【实例 8-8】 折叠框工具的使用示例，代码如下。

```
<div class="panel-group" id="accordion">
    <div class="panel panel-default">
        <div class="panel-heading">
            <h4 class="panel-title">
                <a data-toggle="collapse" data-parent="#accordion"
                href="#collapseOne">
                泰山（世界文化与自然双重遗产，国家 5A 级旅游景区）
                </a>
            </h4>
        </div>
        <div id="collapseOne" class="panel-collapse collapse in">
            <div class="panel-body">
                泰山，又名岱山、岱宗、岱岳、东岳、泰岳，为中国著名的五岳之一，位于
山东省中部，绵亘于泰安、济南、淄博三市之间，总面积 2.42 万公顷。主峰玉皇顶海拔 1545 米，气
势雄伟磅礴，有"五岳之首""五岳之长""五岳之尊""天下第一山"之称。
            </div>
        </div>
    </div>
    <div class="panel panel-default">
        <div class="panel-heading">
            <h4 class="panel-title">
                <a data-toggle="collapse" data-parent="#accordion"
                href="#collapseTwo">
                华山（五岳之西岳华山）
                </a>
            </h4>
        </div>
        <div id="collapseTwo" class="panel-collapse collapse">
        <div class="panel-body">
            华山（Mount Hua）古称"西岳"，雅称"太华山"，为中国著名的五岳之一，中华
文明的发祥地，"中华"和"华夏"之"华"，就源于华山。位于陕西省渭南市华阴市，在省会西安以
东 120 千米处。南接秦岭，北瞰黄渭，自古以来就有"奇险天下第一山"的说法。
            </div>
        </div>
    </div>
    <div class="panel panel-default">
        <div class="panel-heading">
            <h4 class="panel-title">
```

```
                    <a data-toggle="collapse" data-parent="#accordion"
                    href="#collapseThree">
                    黄山 （世界文化与自然双重遗产，国家 5A 级旅游景区）
                    </a>
                </h4>
            </div>
            <div id="collapseThree" class="panel-collapse collapse">
                <div class="panel-body">
                    黄山：世界文化与自然双重遗产，世界地质公园，国家 AAAAA 级旅游景
区，国家级风景名胜区，全国文明风景旅游区示范点，中华十大名山，天下第一奇山。
                </div>
            </div>
        </div>
    </div>
```

运行【实例 8-8】代码，效果如图 8-13 所示。

图 8-13　折叠框工具的应用效果示例

a) 初始效果　b) 单击"黄山"超链接后的折叠效果

如果将 data-parent="#accordion"修改为 data-parent="#accordion1"，则与外层元素的 id 名称不一致，当前折叠效果打开时，其他不会折叠，可自行修改测试。

注意：折叠框工具用于处理繁重的伸缩的类中，.collapse 类表示隐藏内容，.collapse.in 类表示显示内容；此外还有.collapsing 类是在当过渡效果开始时被添加，当过渡效果完成时被移除。

8.7　轮播工具

8.7.1　轮播工具简介

对于电视节目，所谓轮播就是同一套节目以一定时间间隔（如 10min）采用多个频道进行循环播放，用户通过频道选择可以达到前进或后退的视频点播效果。

Bootstrap 的轮播（Carousel）工具是通过元素的循环组成幻灯片效果的组件。轮播的可以是图像、内嵌框架、视频或者其他用户想要放置的任何类型的内容。例如，当当商城中的 banner 广告就是轮播效果，如图 8-14 所示。

图 8-14　轮播效果示例

8.7.2　轮播工具的基本使用方法

使用轮播工具，不需要加入 jQuery 的相关语句，也不必使用 data 属性，只要使用相关类即可。

轮播效果是由两种内容所组成的：一是轮播指针，二是轮播内容。为了控制方便，可再加入轮播导航按钮，即左、右按钮，也可加入标题或图片进行说明。

轮播图中的相关元素构成如图 8-15 所示。

图 8-15　轮播图中的相关元素

1．轮播指针的控制

轮播指针使用列表实现，代码示例如下。

```
<ul class="carousel-indicators">
    <li data-target="#myCarousel" data-slide-to="0" class="active"></li>
    <li data-target="#myCarousel" data-slide-to="1"></li>
    <li data-target="#myCarousel" data-slide-to="2"></li>
</ul>
```

在外层<ul>或<ol>中设置 class="carousel-indicators"。轮播指针使用 class="active"表示第一个播放的内容。在轮播项目中也需要加入.active 类，使两者相对应，否则一开始在状态显示上就会产生错误。data-slide-to 属性可传递轮播内容索引值给轮播工具，指定数值后即可直接播放指定的索引值轮播内容。

2．轮播内容的控制

轮播内容可以使用图片、视频等元素，放置在内外两层\<div\>容器中实现，其中外层\<div\>需要设置 class="carousel-inner"，内层\<div\>使用 class="active"表示第一个播放的内容，以便与轮播指针中的.active 类相对应，代码示例如下。

```
<div class="carousel-inner">
    <div class="item active"><img src="image/1.png" > </div>
    <div class="item active"><img src="image/2.png" > </div>
    <div class="item active"><img src="image/3.png" > </div>
</div>
```

在轮播项目中，可以添加标题与文字说明。通过 .item 内的.carousel-caption 类可以向幻灯片添加标题，只需要在该处放置任何可选的 HTML，它会自动对齐并格式化，代码示例如下。

```
<div class="item active">
    <img src="image/1.png" >
    <div class="carousel-caption">迪拜艺术季汇聚了全阿联酋的创意人士</div>
</div>
```

3．轮播导航按钮的控制

轮播导航按钮通过\<a\>与\<span\>元素实现，需要给\<a\>元素设置 carousel-control。同时，轮播导航按钮主要通过.left 和.right 类来控制轮播内容的切换，左、右按钮使用字体图标来实现。

```
<a class="left carousel-control" href="#myCarousel"  data-slide="prev">
    <span class="glyphicon glyphicon-chevron-left" aria-hidden="true"></span>
    <span class="sr-only">Previous</span>
</a>
<a class="right carousel-control" href="#myCarousel"  data-slide="next">
    <span class="glyphicon glyphicon-chevron-right" aria-hidden="true"></span>
    <span class="sr-only">Next</span>
</a>
```

【**实例 8-9**】 轮播工具的使用，代码如下。

```
<div class="container">
    <div id="myCarousel" class="carousel slide">
        <!-- 轮播指针 -->
        <ul class="carousel-indicators">
            <li data-target="#myCarousel" data-slide-to="0" class="active"></li>
            <li data-target="#myCarousel" data-slide-to="1"></li>
            <li data-target="#myCarousel" data-slide-to="2"></li>
            <li data-target="#myCarousel" data-slide-to="3"></li>
            <li data-target="#myCarousel" data-slide-to="4"></li>
        </ul>
        <!-- 轮播内容-->
        <div class="carousel-inner">
```

```html
<div class="item active">
    <img src="image/1.png" >
    <div class="carousel-caption">迪拜艺术季汇聚了全阿联酋的创意人士</div>
</div>
<div class="item">
    <img src="image/2.png" >
    <div class="carousel-caption">春季赏花季-踏青赏花季最佳去处</div>
</div>
<div class="item">
    <img src="image/3.png" >
    <div class="carousel-caption">从家门口出发</div>
</div>
<div class="item">
    <img src="image/4.png" >
    <div class="carousel-caption">端午遇上儿童节</div>
</div>
<div class="item">
    <img src="image/5.png" >
    <div  class="carousel-caption">港澳特惠优惠旅游线路_港澳特惠优惠旅游景点_
全新港澳特惠优惠旅游攻略</div>
    </div>
</div>
<!-- 轮播导航按钮  -->
<a class="left carousel-control" href="#myCarousel"    data-slide="prev">
    <span class="glyphicon glyphicon-chevron-left" aria-hidden="true"></span>
    <span class="sr-only">Previous</span>
</a>
<a class="right carousel-control" href="#myCarousel"    data-slide="next">
    <span class="glyphicon glyphicon-chevron-right" aria-hidden="true"></span>
    <span class="sr-only">Next</span>
</a>
</div>
</div>
```

运行【实例 8-9】代码，效果如图 8-16 所示。

a)

图 8-16　轮播效果示例

a) 初始效果

b)

图 8-16 轮播效果示例（续）

b) 轮播效果截图

8.8 案例：使用 JavaScript 插件布局企业网站

8.8.1 案例展示

本例主要使用 JavaScript 插件再次制作江苏学文教育科技有限公司主页页面，效果如图 8-17 所示。

a)　　　　　　　　　　　　　　　　　　　　　　b)

图 8-17　企业网站主页效果

a) PC 端的显示效果　b) 手机上的显示效果

8.8.2 案例分析

根据图 8-17 所示效果，分析页面的基本结构，如图 8-18 所示。

依据图 8-18 所示的结构，在 Bootstrap 中选择适当的布局组件与 JavaScript 组件搭配，例如，导航使用导航栏 navbar 来实现，在移动端显示时导航栏折叠起来，使用.collapse 类来实现折叠效果；banner 广告区域使用轮播图实现；网页主体部分使用栅格布局，放置在.container 类和.row 类的<div>标签中，为左右结构；客户列表采用折叠的 JavaScript 组件实现；右侧的两个金课案例使用标签页来实现。实现思路如图 8-19 所示。

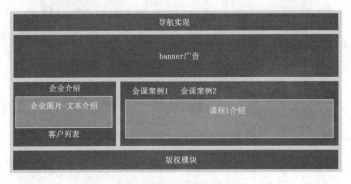

图 8-18　页面的基本结构

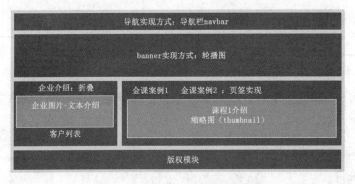

图 8-19　Bootstrap 页面实现思路

8.8.3　案例实现

搭建基本的 Bootstrap 框架后，来实现整个页面效果。

1．网站头部的导航实现

导航使用导航栏 navbar 来实现，实现代码如下。

```html
<nav class="navbar navbar-default">
    <div class="container">
    <div class="navbar-header">
    <!--在移动端的时候导航栏折叠起来，三横（汉堡）按钮出现，单击该按钮可以显示或隐藏
导航栏上的内容-->
        <button type="button" class="navbar-toggle" data-toggle="collapse"
    data-target="#menu">
        <span class="icon-bar"></span>
        <span class="icon-bar"></span>
        <span class="icon-bar"></span>
    </button>
    <img src="images/logo.png">
</div>
<div id="menu" class="collapse navbar-collapse" >
```

```
            <ul class="nav navbar-nav">
                <li class=""><a href="#">教学咨询 </a></li>
                <li class=""><a href="#">在线课程开发 </a></li>
                <li class=""><a href="#">1 对 1 课程 </a></li>
                <li><a href="#">线下金课</a></li>
                <li><a href="#">混合式金课</a></li>
                <li><a href="#">虚拟仿真金课</a></li>
                <li><a href="#">信息化教学</a></li>
            </ul>
        </div>
        </div>
    </nav>
```

运行代码，效果如图 8-20 所示。

江苏学文教育科技有限公司　教学咨询　在线课程开发　1对1课程　线下金课　混合式金课　虚拟仿真金课　信息化教学

图 8-20　导航效果

2．banner 广告的栅格布局

网页 banner 广告部分放置在.container 类的<div>标签中，直接使用轮播图，实现代码如下。

```
    <div class="container">
    <div class="row" style="margin-bottom:20px">
        <div id="myCarousel" class="carousel slide">
            <!-- 轮播指针 -->
            <ul class="carousel-indicators">
                <li data-target="#myCarousel" data-slide-to="0" class="active"></li>
                <li data-target="#myCarousel" data-slide-to="1"></li>
            </ul>
            <!-- 轮播内容-->
            <div class="carousel-inner">
                <div class="item active"><img src="images/1.jpg" ></div>
                <div class="item "><img src="images/2.jpg" ></div>
            </div>
            <!-- 轮播导航按钮 -->
            <a class="left carousel-control" href="#myCarousel"    data-slide="prev">
                <span class="glyphicon glyphicon-chevron-left" aria-hidden="true"></span>
                <span class="sr-only">Previous</span>
            </a>
            <a class="right carousel-control" href="#myCarousel"    data-slide="next">
                <span class="glyphicon glyphicon-chevron-right" aria-hidden="true"></span>
                <span class="sr-only">Next</span>
            </a>
        </div>
```

```
        </div>
    </div>
```

运行代码，效果如图 8-21 所示。

图 8-21 导航与 banner 广告效果

3．网站主体的栅格布局

网页主体部分放置在.container 类的<div>标签中，为左右结构，在平板计算机上显示时，宽边左侧为 4 格，右侧为 8 格；在手机上显示时都为自上而下的流式布局，实现代码如下。

```
<div class="container">
    <div class="row">
        <div class="col-sm-4">
            <!—左侧窗格实现-->
        </div>
        <div class="col-sm-8">
            <!--右侧窗格实现-->
        </div>
    </div>
</div>
```

4．左侧窗格布局

网页主体部分放置在.container 类的<div>标签中，左侧窗格的企业图片使用.img-responsive 类实现响应式图片，客户列表用带标题的面板和列表组共同实现，实现代码如下。

```
<div class="col-sm-4 panel-group" id="accordion">
    <!--左侧窗格实现-->
    <div class="panel panel-default">
        <div class="panel-heading">
            <h4 class="panel-title">
            <a data-toggle="collapse"    data-parent="#accordion"    href="#collapseOne">
            企业介绍
            </a>
            </h4>
        </div>
        <div id="collapseOne" class="panel-collapse collapse in">
```

```
        <div    class="panel-body">
            <img src="images/bgcs.jpg" class="img-responsive">
        江苏学文教育科技有限公司于 2019 年 1 月 22 日在徐州工商局登记注册，主要经
营服务：教育信息咨询、在线课程开发、信息化教学实践...
            </div>
        </div>
    </div>
    <div class="panel panel-default">
        <div class="panel-heading">
            <h4 class="panel-title">
            <a data-toggle="collapse" data-parent="#accordion"    href="#collapseTwo">
            服务客户列表
            </a>
            </h4>
        </div>
        <div id="collapseTwo" class="panel-collapse collapse">
        <div class="panel-body">
            <ul class="list-group">
                <li class="list-group-item">淮安信息职业技术学院</li>
                <li class="list-group-item">江苏电子信息职业学院</li>
                <li class="list-group-item">江苏食品药品职业技术学院</li>
                <li class="list-group-item">徐州工业职业技术学院</li>
            </ul>
        </div>
    </div>
    </div>
    </div>
</div>
```

运行代码，效果如图 8-22a 所示，单击"服务客户列表"链接，可展开相应栏目，效果如图 8-22b 所示。

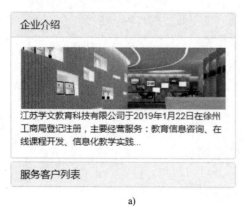
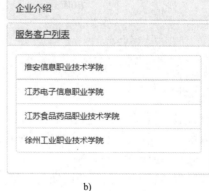

a)   b)

图 8-22   左侧窗格效果

a)"企业介绍"效果   b)"服务客户列表"效果

5．右侧窗格布局

网页主体部分放置在.container 类的<div>标签中，右侧窗格的两个金课案例使用标签页实现，实现代码如下。

```
<div class="col-sm-8">
<!--右侧窗格实现-->
<ul id="myTab" class="nav nav-tabs">
    <li class="active"><a href="#home" data-toggle="tab">教育技术金课</a></li>
    <li><a href="#example" data-toggle="tab">教学能力金课</a></li>
</ul>
<div id="myTabContent" class="tab-content">
    <div class="thumbnail tab-pane fade in active" id="home">
        <img src="images/tb1.jpg" class="img-responsive">
        <div class="caption">
            <h3>微课设计与开发技术  <span class="badge">好评 4300</span></h3>
            <p>"微课设计与开发技术"课程以微课理论为基础，注重微课的教学设计，围绕
微课开发流程逐步展开，共分为五大部分：初探微课、微课的教学设计、微课的开发方式、微课的开
发技术和优秀案例展播。</p>
            <p class="text-right">
                <a class="text-danger" href="#">马上学习</a>
            </p>
        </div>
    </div>
    <div class="thumbnail tab-pane fade" id="example">
        <img src="images/tb2.jpg" class="img-responsive">
        <div class="caption">
            <h3>职业院校教学能力比赛  <span class="badge">好评 666</span></h3>
            <p>原全国职业院校信息化教学大赛由教育部主办，山东省教育厅、济南市教育
局、教育部职业院校信息化教学指导委员会承办，设立信息化教学设计赛项、信息化课堂教学赛项和
信息化实训教学赛项。</p>
            <p class="text-right">
                <a class="text-danger" href="#">马上学习</a>
            </p>
        </div>
    </div>
</div>
</div>
```

运行代码，页面显示"教育技术金课"选项卡内容，如图 8-23a 所示；单击"教学能力金课"标签，则显示相应选项卡内容，如图 8-23b 所示。

6．网站版权信息栏目实现

版权信息栏目可以使用一个<div>标签实现，实现代码如下。

```
<div class="text-center" style="background-color:#f8f8f8;height:35px;line-height: 35px;">
    <p>版权所有：江苏学文教育科技有限公司</p>
</div>
```

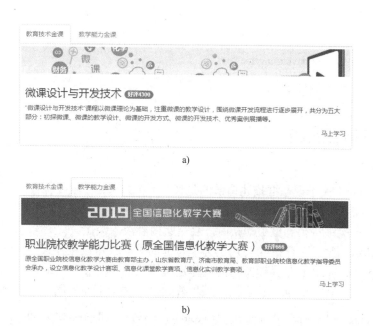

a)

b)

图 8-23　右侧窗格效果

a)"教育技术金课"选项卡　b)"教学能力金课"选项卡

8.8.4　案例拓展

修改相关样式,实现以深色为主色调的页面效果,效果如图 8-24 所示。

a)　　　　　　　　　　　　　　　　　　　　　　b)

图 8-24　企业网站主页深色调效果

a) PC 端的显示效果　b) 手机上的显示效果

以顶部的导航栏为例,只需要将代码

```
<nav class="navbar navbar-default">
```

修改为

<nav class="navbar navbar-inverse">

就可以实现页面的深色调效果。

8.9 习题与项目实践

1. 选择题

（1）Bootstrap 中关于模态框描述错误的是（　　）。

    A．.modal 类用来把 <div> 的内容识别为模态框

    B．.fade 类在当模态框被切换时，会引起内容淡入淡出

    C．.close 是一个 CSS 类，用于为模态框的关闭按钮设置样式

    D．.modal-header 是为模态框的主体定义样式的类

（2）折叠工具可以很容易地让页面区域折叠起来，关于下面代码：

<a data-toggle="collapse" data-parent="#accordion"　href="#collapseOne">折叠信息</a>

描述错误的是（　　）。

    A．将代码"data-toggle="collapse""添加到用户想要展开或折叠的组件链接上

    B．将 href 属性添加到父组件，它的值是子组件的 id

    C．data-parent 属性把折叠面板的 id 添加到要展开或折叠的组件链接上

    D．href 不能够使用 data-target 属性代替

2. 实践项目——使用 Bootstrap 中的 JavaScript 插件实现页面功能

（1）打开风灵创景企业网站（http://www.felink.com/），请使用 Bootstrap 组件实现如图 8-25 所示的页面效果。

图 8-25　风灵创景企业网站主页首屏效果

（2）途欢健康是以信息技术为基础，以移动互联网平台为工具的一家公司，网址为 http://www.tuhuanjk.com，网站页面效果如图 8-26 所示，请使用 Bootstrap 来布局页面效果。

图 8-26　途欢健康页面布局效果

第3篇 Bootstrap 实战

第9章 综合项目实训

9.1 项目1：课程宣传页面

9.1.1 项目展示

本例主要制作在线课程宣传页面，效果如图9-1所示。

a)　　　　　　　　　　　　　　　　　　b)

图9-1　课程宣传页面效果

a) PC 端的显示效果　b) 手机上的显示效果

9.1.2 项目分析

根据如图9-1所示效果分析页面的基本结构，如图9-2所示。

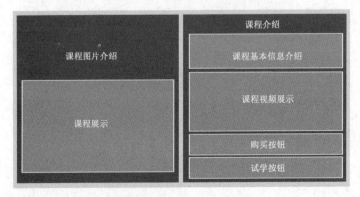

图9-2　页面的基本结构分析

依据图 9-2 所示的结构，在 Bootstrap 中结合 CSS 选择适当的布局组件，运用可用符号、面板、轮播图，以及响应式嵌入内容。

例如在整体布局时使用栅格系统，设置 class=" col-md-6 col-xs-12"，在 PC 端显示时使用两列布局，在移动端显示时单列布局。

右侧窗格使用带标题的面板来实现，面板内部使用 iframe 响应式嵌入视频介绍课程内容，按钮使用字体图标结合按钮特效来实现，例如：

    class="btn btn-primary btn-lg btn-block glyphicon glyphicon-shopping-cart"

实现思路如图 9-3 所示。

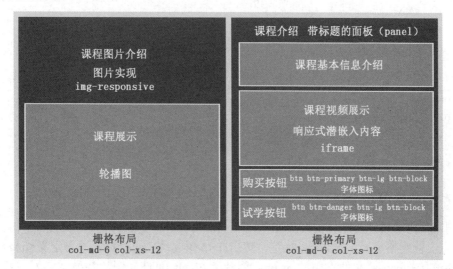

图 9-3　Bootstrap 页面结构的实现思路

9.1.3　搭建基本页面框架

首先来搭建这个项目框架。

1）在<head>标签内加入 viewport 类，代码如下。

    <meta name="viewport" content="width=device-width, initial-scale=1">

2）在<head>标签内加入 jQuery 的相关链接路径，代码如下。

    <script src="bootstrap/js/jquery-3.3.1.min.js"></script>

3）在<head>标签内加入 Bootstrap 的相关链接路径，代码如下。

    <link href="bootstrap/css/bootstrap.min.css" rel="stylesheet">
    <script src="bootstrap/js/bootstrap.min.js"></script>

注意：Bootstrap 的所有 JavaScript 插件都依赖于 jQuery，所以必须放在前边。

4）在<title>标签内输入文本"教学能力比赛在线培训课程"。

此外，根据为了让 IE 8 支持 HTML5 元素和媒体查询功能，还可以添加 HTML5 shiv 和 Respond.js。

9.1.4 页面基本布局设计

依据 PC、平板计算机、智能手机页面设计思路，明确内容在 PC、平板计算机、智能手机上的显示位置，然后进行网页布局的规划。依据图 9-3 所示的分析，本页面以平板计算机768px 尺寸作为断点进行两种网页的布局。

1）最外层以.container 类的容器进行布局，在.container 类中添加.row（行）类来建立网格线布局。

```
<div class="container">
    <div class="row" >
    </div>
</div>
```

2）在.row 类中，使用.col-*-*类进行内容的网格线布局，同时需考虑到各种设备的显示结果，因此在这个类中按大屏幕（lg）、屏幕（md）、平板计算机（sm）、智能手机（xs）的顺序进行数值上的调整。

在<row >标签内的语句如下。

```
<div class="col-md-6 col-xs-12"></div>
<div class=" col-md-6 col-xs-12"></div>
```

9.1.5 左侧窗格内容设计

左侧窗格内容设计与制作的过程如下。

1）在左侧窗格容器中插入<p>标签，然后在<p>内添加<img>标签，自定义<img>的链接语句，并链接 images 文件夹中的 js.png 图片，在 alt 属性（图片替换文字）中输入文本"获奖作品案例解析及经验分享"。

2）在<img>标签中添加.img-responsive 类，让此图片具有响应式效果，代码如下。

```
<p class="text-center">
    <img src="images/js.png" class="img-responsive" alt="获奖作品案例解析及经验分享">
</p>
```

运行代码，效果如图 9-4 所示。

图 9-4　左侧窗格图片效果

3）完成图片的布局后，在<p>标签中插入轮播图，添加轮播图容器，代码如下。

```
<div id="myCarousel" class="carousel slide"></div>
```

4）在容器内添加轮播指针，在外层使用<ul>，并设置 class="carousel-indicators"。data-slide-to 属性可传递轮播内容索引值给轮播工具，指定数值后即可直接播放指定索引值的轮播内容，代码如下。

```
<ul class="carousel-indicators">
    <li data-target="#myCarousel" data-slide-to="0" class="active"></li>
    <li data-target="#myCarousel" data-slide-to="1"></li>
    <li data-target="#myCarousel" data-slide-to="2"></li>
    <li data-target="#myCarousel" data-slide-to="3"></li>
    <li data-target="#myCarousel" data-slide-to="4"></li>
</ul>
```

5）添加轮播内容，轮播内容放置在内外两层<div>容器中实现，其中外层<div>需要设置 class="carousel-inner"，内层<div>使用 class="active"表示第一个播放的内容，以便与轮播指针中的.active 类相对应。通过 .item 内的 .carousel-caption 元素向幻灯片添加标题，代码如下。

```
<div class="carousel-inner">
    <div class="item active">
        <img src="images/zs1.png" >
        <div class="carousel-caption">课堂教学——产前腹部检查</div>
    </div>
    <div class="item">
        <img src="images/zs2.png" >
        <div class="carousel-caption">国家宝藏，梦回大汉——马王堆汉墓陈列馆导游讲</div>
    </div>
    <div class="item">
        <img src="images/zs3.png" >
        <div class="carousel-caption">教学设计——移动通信基站系统硬件搭建</div>
    </div>
    <div class="item">
        <img src="images/zs4.png" >
        <div class="carousel-caption">高尔夫右曲球发生原理及校正</div>
    </div>
    <div class="item">
        <img src="images/zs5.png" >
        <div class="carousel-caption">景观廊架 SU 模型的创建</div>
    </div>
</div>
```

6）通过<a>与<span>标签实现轮播导航按钮，需要给<a>标签设置.carousel-control，同时轮播导航按钮主要通过.left 和.right 类来控制轮播内容的切换，而左、右按钮使用"字体图标"来实现，代码如下。

```
<a class="left carousel-control"  href="#myCarousel"  data-slide="prev">
    <span class="glyphicon glyphicon-chevron-left" aria-hidden="true"></span>
    <span class="sr-only">Previous</span>
```

```
        </a>
        <a class="right carousel-control" href="#myCarousel"    data-slide="next">
            <span class="glyphicon glyphicon-chevron-right" aria-hidden="true"></span>
            <span class="sr-only">Next</span>
        </a>
```

运行代码，效果如图9-5所示。

图 9-5　左侧窗格图片与轮播图效果

9.1.6　右侧窗格内容设计

右侧窗格内容设计与制作的过程如下。

1）在右侧窗格容器中自定义<div>标签并运用面板，在其后增加一个.panel-danger 状态类，代码如下。

```
        <div class="panel panel-danger"></div>
```

2）在面板之间添加两个<div>标签，并各自运用.panel-heading 与.panel-body 类，代码如下。

```
        <div class="panel panel-danger">
            <div class="panel-heading">
            </div>
            <div class="panel-body">
            </div>
        </div>
```

3）在<div class="panel-heading">和</div>中间添加标题元素，并设置标题文本居中，代码如下。

```
        <h3 class="text-center">课程介绍</h3>
```

4）在<div class="panel-body">和</div>中间插入标题与段落元素，并填写具体信息，代码如下。

```
<h4 class="text-center"><strong>明星团队打造 教学品质一流</strong></h4>
<p>本课程以"任务驱动"的教学模式进行设计，根据教师了解大赛、准备参赛、制作参赛作品的
过程，分阶段有针对性地设置相关课程，将理论讲解和实践操作紧密结合起来</p>
```

运行代码，效果如图 9-6 所示。

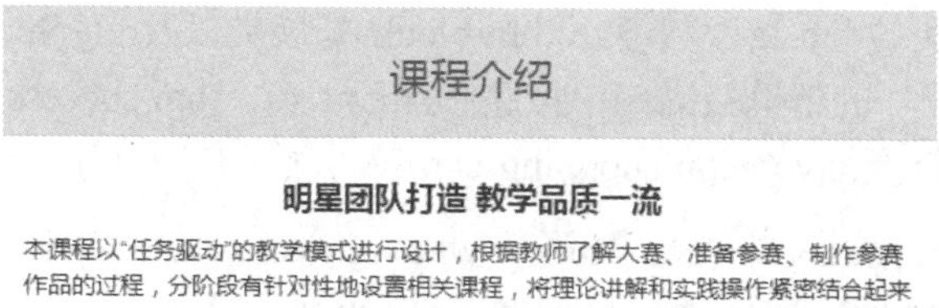

课程介绍

明星团队打造 教学品质一流

本课程以"任务驱动"的教学模式进行设计，根据教师了解大赛、准备参赛、制作参赛
作品的过程，分阶段有针对性地设置相关课程，将理论讲解和实践操作紧密结合起来

图 9-6　右侧容器标题信息效果

5）在<div class="panel-body">和</div>中间继续插入标题元素，并填写具体信息，代码
如下。

```
<h3 class="text-center">最新获奖作品展示案例解析及经验分享</h3>
```

6）在标题元素后添加一个<div>标签，为其设置.embed-responsive 类，再增加一个媒体
播放比例为 16:9 的.embed-responsive-16by9 状态类，为其中的<iframe>标签设置.embed-
responsive-item 与.em 类，代码如下。

```
<div class="embed-responsive embed-responsive-16by9">
<iframe class="embed-responsive-item em" src="http://www.nvic.com.cn/FrontEnd/ZZBMDS/award2018/
高职组信息化课堂教学比赛/一等奖/产前腹部检查.mp4" >
</iframe>
</div>
```

运行代码，效果如图 9-7 所示。

图 9-7　右侧窗格添加视频后的效果

7）在嵌入的视频后方继续插入一个段落元素<p>，使用<p>元素对视频进行解释，代码如下。

```
<p style="margin: 10px;">对 2018 年最新获奖作品进行详细解读，以案例为基础前推准备过程，后分析获奖经验，指导教师做出更优秀的实践作品。</p>
```

8）最后添加两个超链接元素<a>，在"购买在线课程"的超链接语句中按序添加.btn 类、.btn-success 样式类、.btn-lg 大小类、.btn-block 扩展类以及.glyphicon-shopping-cart 符号类。在"试学教学视频"的超链接语句中按序添加.btn 类、.btn-success 样式类、.btn-lg 大小类、.btn-block 扩展类以及.glyphicon-shopping-cart 符号类，代码如下。

```
<a class="btn btn-primary btn-lg btn-block glyphicon glyphicon-shopping-cart"
href="http://www.ryjiaoshi.com/package/details/47"   target="_blank">
      购买在线课程
</a>
<a class="btn btn-danger btn-lg btn-block glyphicon glyphicon-film"
href=http://www.ryjiaoshi.com/courselearn/learn/40?lessonId=1642   target="_blank">
      试学教学视频
</a>
```

运行代码，效果如图 9-8 所示。

a)　　　　　　　　　　　　　　　　　　　　　b)

图 9-8　整体效果

a) PC 端的显示效果　b) 手机上的显示效果

9.1.7　项目拓展

在基本功能完成后，可以在图 9-8 的基础上给页面做一些优化，例如为<body>元素添加背景图像，具体代码如下。

```
body {
    background: url(images/background.jpg) no-repeat; /*背景图像，不重复*/
    background-position: center top; /*设置背景图像的位置：居中与靠上*/
}
```

此外，还可以给<div class="row">添加边距，例如，设置内容离上方有 5%的距离，则定义一个类.margin_top5，代码如下。

> .margin_top5{ margin-top: 5%;}

调用.margin_top5 类，代码如下。

> <div class="row margin_top5" >

预览页面效果，效果如图 9-1 所示。

9.2 项目 2：企业主页页面设计制作

9.2.1 项目展示

本项目实现跨平台、响应式的企业网站首页，这里简单介绍项目的基本功能、页面结构和项目的目录结构。

项目的首页在 PC 端的显示效果如图 9-9 所示。

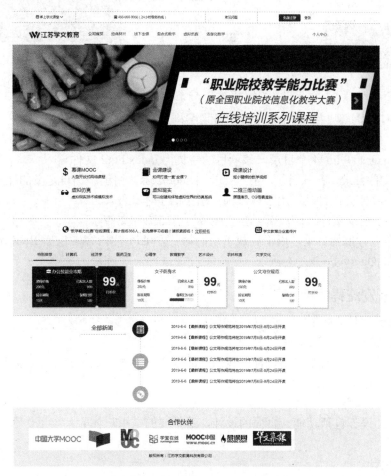

图 9-9 项目首页在 PC 端的显示效果

使用 Chrome 的开发者工具，测试在平板计算机上的页面显示效果，如图 9-10 所示，测试页面在手机上的页面显示效果，如图 9-11 所示。

图 9-10　项目首页在平板计算机上的显示效果　　　　图 9-11　项目首页在手机上的显示效果

为了方便项目实现，下面介绍项目的目录结构。

"项目 2 企业主页页面设计制作"作为顶级目录名称，也是项目的名称，在该目录下有 css、fonts、images 和 lib 4 个目录，该项目的主页为 index.html 文件。

- css：文件目录，在该目录下有一个文件 index.css，用于添加自定义的样式。
- fonts：字体文件目录，用于存放项目引用的字体文件。
- images：图片文件目录，用于存放项目引用的图片文件。
- lib：第三方框架目录，用于存放引用的第三方 API 的内容，包括 Bootstrap、HTML5 shiv 和 jQuery。

9.2.2　项目开发流程

项目开发流程具体如下。

1．提出产品创意

结合公司的发展方向及战略目标，提出产品创意。简而言之，就是提出要做一个什么产品，为什么要做这个产品。

2．设计产品原型

产品原型的设计包括功能、页面的设计，最重要的是用户体验。该工作通常由产品经理完成。

3．美工设计

美工根据产品经理提供的原型图实现符合原型与审美的 PSD 设计图。

4．前端实现

前端程师拿到美工设计好的 PSD 图，负责具体的 HTML、CSS 静态页面的实现，实现 JavaScript 动态特效、动态数据的绑定和交互。

5．后端实现

后端实现包括实现数据处理、业务逻辑代码。

6．测试、试运行、上线

项目上线，然后测试发现问题，解决问题并调试后上线运行。

在上述 6 个步骤中，作为前端工程师主要关注第 4 步，即前端实现的部分，对于其他步骤了解即可。

9.2.3 项目分析

index.html 由多个模块组成，网页中从上到下分别为顶部栏、导航栏、轮播图、信息模块、课程报名模块、产品展示模块、新闻模块和合作伙伴与版权模块，所有模块通栏布局。根据如图 9-9 所示的效果分析页面的基本结构，如图 9-12 所示。

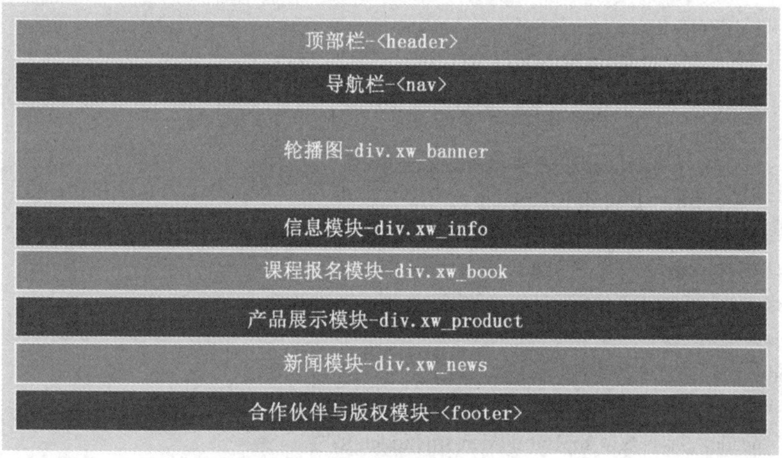

图 9-12　页面的基本结构

图 9-12 中标记了每个模块的最外层盒子，其中 div.xw_banner 的 div 表示<div>标签的 class 值为 xw_banner，完整的写法是<div class="xw_banner">，这种描述方式是为了突显每个模块自定义的表达方式，在后面遇到类似的描述依此类推。

9.2.4 搭建基本页面框架

首先配置页面的语言环境、字符编码和视口等，然后引入第三方 API。需要引入的文件有 bootstrap.css、htmlshiv.min.js、respond.js、jquery.min.js、bootstrap.js 等。除第三方 API 的文件外，还有自定义的 CSS 文件 index.css。

index.html 主页面的框架代码如下。

```
<!DOCTYPE html>
<!--指明当前的页面使用的语言环境-->
<html lang="zh-CN">
```

```html
<head>
    <!--指明当前页面的字符编码格式是 utf-8 -->
    <meta charset="utf-8">
    <!--指明 IE 浏览器渲染当前的页面时使用最新的渲染引擎-->
    <meta http-equiv="X-UA-Compatible" content="IE=edge">
    <!--标准的视口设置-->
    <meta name="viewport" content="width=device-width,initial-scale=1,user-scalable=0">
    <!-- 上述 3 个<meta>标签*必须*放在最前面，任何其他内容都*必须*跟随其后！ -->
    <title>江苏学文教育科技有限公司</title>
    <!-- Bootstrap -->
    <!--Bootstrap 核心 CSS 文件  -->
    <link href="lib/bootstrap/css/bootstrap.css" rel="stylesheet">
    <!--
        IE8 以下版本浏览器都不支持 HTML5 标签和媒体查询。引入两个 JavaScript 插件：
        html5shiv——支持 HTML5 标签
        respond——支持媒体查询，必须在 HTTP 形式下访问才有用
     -->
    <!--[if lt IE 9]>
    <script src="lib/html5shiv/html5shiv.min.js"></script>
    <script src="lib/respond/respond.js"></script>
    <![endif]-->
    <link rel="stylesheet" href="css/index.css"/>
    <!--Bootstrap 是依赖 jQuery 的-->
    <script src="lib/jquery/jquery.min.js"></script>
    <!--Bootstrap 的核心 JavaScript 文件-->
    <script src="lib/bootstrap/js/bootstrap.js"></script>
</head>
</body>
    <!--顶部栏-->
    <header class="xw_topBar hidden-sm hidden-xs">
    </header>
    <!--导航栏-->
    <nav class="navbar xw_nav">
    </nav>
    <!--轮播图-->
    <div class="carousel slide">
    </div>
    <!--信息模块-->
    <div class="xw_info ">
    </div>
    <!--课程报名模块-->
    <div class="xw_book">
    </div>
    <!--产品展示模块-->
    <div class="xw_product">
    </div>
```

```
    <!--新闻模块-->
    <div class="xw_news">
    </div>
    <!--合作伙伴与版权模块-->
    <footer class="xw_partner">
    </div>
</body>
</html>
```

9.2.5 顶部栏模块的分析与实现

1. 模块分析

顶部栏模块在 PC 端的显示效果如图 9-13 所示。

图 9-13 顶部栏在 PC 端的显示效果

当鼠标指针悬停到"掌上学文课堂"文本上时，会显示一个二维码，如图 9-14 所示；鼠标指针移开时二维码消失。这里假设该二维码用于浏览"掌上学文课堂"版块相关信息。

图 9-14 顶部栏二维码效果

根据图 9-13 与图 9-14，分析顶部栏的结构，如图 9-15 所示，顶部栏的所有内容放置在一个<header>标签内，在<header>标签内添加.container 类，在.container 标签中添加.row类，之后将顶部栏分为 4 个部分：div.col-md-2、div.col-md-5、div.col-md-2、div.col-md-3。其中，在第一个 div.col-md-2 中添加<a>标签和二维码，需要考虑手机图标与下拉图标使用字体图标实现；div.col-md-5 中包含字体图标与文本；div.col-md-2 中包含<a>超链接；最后的div.col-md-3 中放置两个超链接<a>元素，使用 Bootstrap 的按钮样式实现。

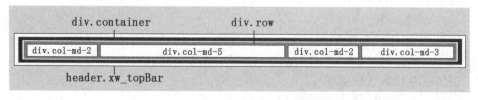

图 9-15 顶部栏结构

2．顶部栏的 HTML 代码实现

顶部栏的实现代码如下。

```html
<!--顶部栏-->
<header class="xw_topBar hidden-sm hidden-xs">
    <div class="container">
        <div class="row">
            <div class="col-md-2">
                <a href="#" class="xw_app">
                    <span class="glyphicon glyphicon-modal-window "></span>
                    <span>掌上学文课堂</span>
                    <span class="glyphicon glyphicon-menu-down"></span>
                    <img src="images/code.jpg" alt=""/>
                </a>
            </div>
            <div class="col-md-5">
                <span class="glyphicon glyphicon-phone-alt "></span>
                <span>400-000-0000（24 小时服务热线）</span>
            </div>
            <div class="col-md-2">
                <a href="#">常见问题</a>
            </div>
            <div class="col-md-3">
                <a href="#" type="button" class="btn btn-sm btn-register">免费注册</a>
                <a href="#" type="button" class="btn btn-link btn-sm btn-login">登录</a>
            </div>
        </div>
    </div>
</header>
```

3．公共 CSS 代码实现

首先来编写 index.css 中公共部分的 CSS 代码，代码如下。

```css
/*公用的 CSS*/
body{
    font:#333 14px "微软雅黑";
}
a{
    color: #333;
}
a:hover{
    color: #333;
    text-decoration: none;
}
```

4．顶部栏的 CSS 代码实现

编写 index.css 实现顶部栏的布局，CSS 代码如下。

```css
/*顶部栏*/
.xw_topBar{
    border: 1px solid #ccc;
    font-size: 12px;
    color: #666;
    position: relative;
    z-index: 1001;
}
.xw_topBar a{
    color: #666;
}
.xw_topBar a:hover{
    color: #666;
}
.xw_topBar > .container > .row > div{
    height: 40px;
    line-height: 40px;
    text-align: center;
}
.xw_topBar > .container > .row > div + div{
    border-left: 1px solid #ccc;
}
/*二维码的位置及其显示和隐藏*/
.xw_app{
    position: relative;
    display: block;
}
.xw_app img{
    display: none;
}
.xw_app:hover img{
    display: block;
    position: absolute;
    top: 40px;
    left: 50%;
    border: 1px solid #ccc;
    border-top: none;
    margin-left: -60px;
}
/* "注册" 按钮*/
.xw_topBar .btn-register{
    background: #E92322;
    color: #fff;
    padding: 3px 15px;
}
.xw_topBar .btn-register:hover{
```

```
        color: #fff;
        border-color:#E92322;
    }
    /*"登录"按钮*/
    .xw_topBar .btn-login:hover{
        text-decoration: none;
    }
```

9.2.6 导航栏模块的分析与实现

1. 模块分析

导航栏模块在 PC 端的显示效果如图 9-16 所示。

图 9-16 导航栏在 PC 端的显示效果

在平板计算机上的显示效果如图 9-17 所示。

图 9-17 导航栏在平板计算机上的显示效果

在手机上的显示效果如图 9-18 所示。

a)

b)

图 9-18 导航栏在手机上的显示效果

a) 导航栏"汉堡"效果 b) 展开后的效果

根据图 9-16，分析导航栏的结构，如图 9-19 所示。

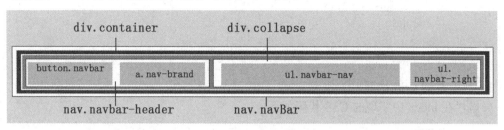

图 9-19 导航栏结构

导航栏使用 Bootstrap 提供的响应式导航栏模块，所有内容放置在<nav>标签内，同时需要在<nav>标签内添加.container 布局容器，整个导航栏需要分为两部分（dov.nav-header 和 div.collapse），可以将结构设计如下。

➢ div.navbar-header 中包含"汉堡"按钮 button.navbar-toggle 和 a.nav-brand。

➢ div.collapse 中包含普通导航菜单 ul.navbar-nav 和个人导航中心 ul.navbar-right。

➢ nav-brand 中包含企业 Logo。

➢ ul.navbar-nav 中包含普通菜单，Bootstrap 会在手机端自动实现汉堡菜单效果。

➢ ul.navbar-right 实现个人中心菜单。

2．导航栏的 HTML 实现

导航栏在 index 中实现的 HTML 代码如下。

```
<nav class="navbar xw_nav">
    <div class="container">
        <div class="navbar-header">
            <button type="button" class="navbar-toggle collapsed" data-toggle="collapse"
                    data-target="#bs-example-navbar-collapse-1" aria-expanded="false">
                <span class="sr-only">Toggle navigation</span>
                <span class="icon-bar"></span>
                <span class="icon-bar"></span>
                <span class="icon-bar"></span>
            </button>
            <a class="navbar-brand" href="#">
                <img src="images/logo.png">
            </a>
        </div>
        <div class="collapse navbar-collapse" id="bs-example-navbar-collapse-1">
            <ul class="nav navbar-nav">
                <li class="active"><a href="#">公司首页</a></li>
                <li><a href="#">经典样片</a></li>
                <li><a href="#">线下金课</a></li>
                <li><a href="#">混合式教学</a></li>
                <li><a href="#">虚拟仿真</a></li>
                <li><a href="#">信息化教学</a></li>
            </ul>
            <ul class="nav navbar-nav navbar-right">
```

```
                    <li><a href="#">个人中心</a></li>
                </ul>
            </div>
        </div>
    </nav>
```

3. 导航栏的 CSS 编码

导航栏在 index 中实现的 CSS 代码如下。

```css
/*导航栏*/
/*设置整个导航栏的背景色、下边框等*/
.xw_nav {
    background-color: #fff;
    border:none;
    border-bottom: 1px solid #ccc;
    margin-bottom: 0;
}
.xw_nav .navbar-brand {
    color: #777;
    height: 80px;
    line-height: 50px;
}
.xw_nav .navbar-brand:hover,
.xw_nav .navbar-brand:focus {
    color: #5e5e5e;
    background-color: transparent;
}
.xw_nav .navbar-text {
    color: #777;
}
/*设置导航栏每个菜单的样式*/
.xw_nav .navbar-nav > li > a {
    color: #777;
    height: 80px;
    line-height: 50px;
}
.xw_nav .navbar-nav > li > a:hover,
.xw_nav .navbar-nav > li > a:focus {
    color: #333;
    background-color: transparent;
    border-bottom: 3px solid #E92322;
}
/*设置活动菜单和非活动菜单的样式*/
.xw_nav .navbar-nav > .active > a,
.xw_nav .navbar-nav > .active > a:hover,
.xw_nav .navbar-nav > .active > a:focus {
    color: #555;
```

```
        background-color: #fff;
        border-bottom: 3px solid #E92322;
}
.xw_nav .navbar-nav > .disabled > a,
.xw_nav .navbar-nav > .disabled > a:hover,
.xw_nav .navbar-nav > .disabled > a:focus {
        color: #ccc;
        background-color: transparent;
}
/*设置"汉堡"按钮的样式*/
.xw_nav .navbar-toggle {
        border-color: #ddd;
        margin-top: 23px;
        margin-bottom: 23px;
}
.xw_nav .navbar-toggle:hover,
.xw_nav .navbar-toggle:focus {
        background-color: #ddd;
}
.xw_nav .navbar-toggle .icon-bar {
        background-color: #888;
}
.xw_nav .navbar-collapse,
.xw_nav .navbar-form {
        border-color: #e7e7e7;
}
.xw_nav .navbar-nav > .open > a,
.xw_nav .navbar-nav > .open > a:hover,
.xw_nav .navbar-nav > .open > a:focus {
        color: #555;
        background-color: #e7e7e7;
}
/*设置当屏幕小于或等于767px时菜单的样式*/
@media (max-width: 767px) {
    .xw_nav .navbar-nav .open .dropdown-menu > li > a {
        color: #777;
    }
    .xw_nav .navbar-nav .open .dropdown-menu > li > a:hover,
    .xw_nav .navbar-nav .open .dropdown-menu > li > a:focus {
        color: #333;
        background-color: transparent;
    }
    .xw_nav .navbar-nav .open .dropdown-menu > .active > a,
    .xw_nav .navbar-nav .open .dropdown-menu > .active > a:hover,
    .xw_nav .navbar-nav .open .dropdown-menu > .active > a:focus {
        color: #555;
```

```
                    background-color: #e7e7e7;
                }
        .xw_nav .navbar-nav .open .dropdown-menu > .disabled > a,
        .xw_nav .navbar-nav .open .dropdown-menu > .disabled > a:hover,
        .xw_nav .navbar-nav .open .dropdown-menu > .disabled > a:focus {
                    color: #ccc;
                    background-color: transparent;
                }
        }
    .xw_nav .navbar-link { color: #777;}
    .xw_nav .navbar-link:hover { color: #333;}
    .xw_nav .btn-link { color: #777;}
    .xw_nav .btn-link:hover,
    .xw_nav .btn-link:focus { color: #333;}
    .xw_nav .btn-link[disabled]:hover,
    fieldset[disabled] .xw_nav .btn-link:hover,
    .xw_nav .btn-link[disabled]:focus,
    fieldset[disabled] .xw_nav .btn-link:focus { color: #ccc;}
```

9.2.7 轮播图模块实现

本例中的轮播图模块采用项目的实现方式，代码如下。

```html
<!--轮播图-->
<div id="myCarousel" class="carousel slide">
<!-- 轮播指针 -->
<ul class="carousel-indicators">
    <li data-target="#myCarousel" data-slide-to="0" class="active"></li>
    <li data-target="#myCarousel" data-slide-to="1"></li>
    <li data-target="#myCarousel" data-slide-to="2"></li>
    <li data-target="#myCarousel" data-slide-to="3"></li>
</ul>
<!-- 轮播内容-->
<div class="carousel-inner">
    <div class="item active">
        <img src="images/banner1.jpg" >
    </div>
    <div class="item">
        <img src="images/banner2.jpg" >
    </div>
    <div class="item">
        <img src="images/banner2.jpg" >
    </div>
    <div class="item">
        <img src="images/banner4.jpg" >
    </div>
</div>
```

```
<!-- 轮播导航按钮 -->
<a class="left carousel-control" href="#myCarousel"    data-slide="prev">
<span class="glyphicon glyphicon-chevron-left" aria-hidden="true"></span>
<span class="sr-only">Previous</span>
</a>
<a class="right carousel-control" href="#myCarousel"    data-slide="next">
<span class="glyphicon glyphicon-chevron-right" aria-hidden="true"></span>
<span class="sr-only">Next</span>
</a>
</div>
```

9.2.8　信息和课程报名模块的分析与实现

1．模块分析

信息和课程报名模块在 PC 端的显示效果如图 9-20 所示。

图 9-20　信息和课程报名模块在 PC 端的显示效果

信息和课程报名模块在平板计算机上的显示效果如图 9-21 所示，在手机上的显示效果如图 9-22 所示。

图 9-21　信息和课程报名模块在平板计算机上的显示效果　　图 9-22　信息和课程报名模块在手机上的显示效果

根据图 9-20，分析信息和课程报名模块的结构，如图 9-23 所示。

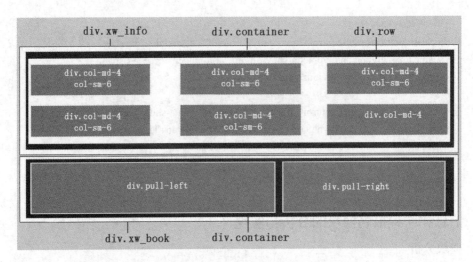

图 9-23 信息和课程报名模块结构

信息和课程报名模块结构设计如下。

➤ 信息模块的每个栅格中都包含<a>标签，其中内容为图标与字体相结合。

➤ 当鼠标指针放置在每个信息模块上时，字体与图标都会变红色。

➤ 课程报名模块中的内容均为字体图标、文字和链接的组合，使用 div.pull-left 中的链接和 div.pull-right 中的内容均需要设置鼠标悬停效果，也就是图标与文字的变色。

➤ 在手机端使用响应式工具隐藏信息模块，则应为 div.xw_info 设置.hiden-xs。

2. 信息和课程报名模块的 HTML 实现

信息和课程报名模块在 index 中实现的 HTML 代码如下。

```
<!--信息模块-->
    <div class="xw_info hidden-xs">
        <div class="container">
            <div class="row">
                <div class="col-md-4 col-sm-6">
                    <a href="#">
                        <div class="media">
                            <div class="media-left">
                                <span class="glyphicon glyphicon-usd mediaicon"></span>
                            </div>
                            <div class="media-body">
                                <h4 class="media-heading">慕课 MOOC</h4>
                                <p>大型开放式网络课程</p>
                            </div>
                        </div>
                    </a>
                </div>
                <div class="col-md-4 col-sm-6">
                    <a href="#">
                        <div class="media">
                            <div class="media-left">
```

```
                    <span class="glyphicon glyphicon-book mediaicon"></span>
                </div>
                <div class="media-body">
                    <h4 class="media-heading">金课建设</h4>
                    <p>如何打造一堂"金课"?</p>
                </div>
            </div>
        </a>
    </div>
    <div class="col-md-4 col-sm-6">
        <a href="#">
            <div class="media">
                <div class="media-left">
                    <span class="glyphicon glyphicon-expand mediaicon"></span>
                </div>
                <div class="media-body">
                    <h4 class="media-heading">微课设计</h4>
                    <p>短小精悍的教学视频</p>
                </div>
            </div>
        </a>
    </div>
    <div class="col-md-4 col-sm-6">
        <a href="#">
            <div class="media">
                <div class="media-left">
                    <span class="glyphicon glyphicon-sunglasses mediaicon"></span>
                </div>
                <div class="media-body">
                    <h4 class="media-heading">虚拟仿真</h4>
                    <p>虚拟现实技术或模拟技术</p>
                </div>
            </div>
        </a>
    </div>
    <div class="col-md-4 col-sm-6">
        <a href="#">
            <div class="media">
                <div class="media-left">
                    <span class="glyphicon glyphicon-scale mediaicon"></span>
                </div>
                <div class="media-body">
                    <h4 class="media-heading">虚拟现实</h4>
                    <p>可以创建和体验虚拟世界的仿真系统</p>
                </div>
            </div>
```

```
                    </a>
                </div>
                <div class="col-md-4 col-sm-6">
                    <a href="#">
                        <div class="media">
                            <div class="media-left">
                                <span class="glyphicon glyphicon-user mediaicon"></span>
                            </div>
                            <div class="media-body">
                                <h4 class="media-heading">二维三维动画</h4>
                                <p>原理演示、CG 场景渲染</p>
                            </div>
                        </div>
                    </a>
                </div>
            </div>
        </div>
    </div>
    <!--课程报名-->
    <div class="xw_book">
        <div class="container">
            <div class="pull-left">
                <span class="glyphicon glyphicon-globe ticon"></span>
                "教学能力比赛" 在线课程，累计报名 388 人，10 名免费学习名额！请抓紧报名！
                <a class="book_link" href="http://www.ryjiaoshi.com/">立即报名</a>
            </div>
            <div class="pull-right hidden-xs">
                <a href="#">
                    <span class="glyphicon glyphicon-hd-video ticon"></span>
                    学文教育企业宣传片
                </a>
            </div>
        </div>
    </div>
</div>
```

3. 信息和课程报名模块的 CSS 编码

信息和课程报名模块在 index 中实现的 CSS 代码如下。

```css
/*信息模块*/
.xw_info{
    padding: 50px;
    border-bottom: 1px solid #ccc;
}
.xw_info > .container{
    width: 910px;
}
.mediaicon{
```

```
        font-size: 30px;
    }
    .xw_info .col-md-4{
        padding: 10px;
    }
    .xw_info    a:hover{
        color: #E92322;
    }
    /*课程报名模块*/
    .xw_book{
        padding: 25px 0;
        border-bottom: 1px solid #ccc;
    }
    .xw_book > .container{
        width: 910px;
    }
    @media screen and (max-width: 768px) {
        .xw_book > .container{
            width: 100%;
        }
    }
    .xw_book .ticon {
        font-size: 24px;
    }
    .xw_book a:hover{
        color: #E92322;
    }
    .xw_book .book_link{
        color: #E92322;
        border-bottom: 1px dashed #E92322;
    }
```

9.2.9　产品展示模块的分析与实现

1．模块分析

产品展示模块每行在 PC 端展示 3 种产品，PC 端的页面效果如图 9-24 所示。

图 9-24　产品展示模块 PC 端的显示效果

在平板计算机上的显示效果如图 9-25 所示。在手机上的显示效果如图 9-26 所示。

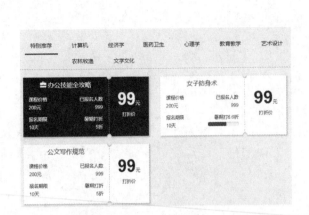 

图 9-25　产品展示模块在平板计算机上的显示效果　　图 9-26　产品展示模块在手机上的显示效果

根据图 9-24，分析产品模块的结构，如图 9-27 所示。

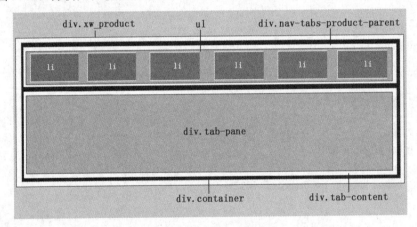

图 9-27　产品模块结构设计

产品展示模块基于 Bootstrap 的标签页来实现，所有内容包含在<div.xw_product>标签中，并且在 div.xw_product 中嵌套一个 div.container 布局容器。标签分为标签页的页签部分 div.nav-tabs-product-parent 和页签所对应的内容 div.tab-content 两部分。

产品展示模块结构设计如下。

➢ div.nav-tabs-product-parent 中嵌套<ul>标签，其中的每个<li>都是一个标签。
➢ 为了使页签的效果更美观，需要覆盖 Bootstrap 原有样式，为了让所有页签都显示在一行，<ul>标签的宽需要等于所有<li>标签的宽度之和。
➢ div.tab-content 中嵌套多个 div.tab-pane，它就是页签所对应的标签页，一个<li>标签对应一个 div.tab-pane。
➢ 所有产品都在第一页中显示，也就是产品的<div>标签都放在第一个 div.tab-content 中，每种产品都放在 div.col-xs-12 col-sm-6 col-md-4。

2．产品展示模块的 HTML 实现

产品展示模块在 index 中实现的 HTML 代码如下。

```
<div class="xw_product">
    <div class="container">
        <!-- Nav tabs -->
        <div class="nav-tabs-product-parent">
            <ul class="nav nav-tabs-product" role="tablist">
                <li class="active">
                <a href="#product_tab_01" aria-controls="home"  data-toggle="tab">特别推荐</a></li>
                <li>
                   <a href="#product_tab_02" aria-controls="profile"   data-toggle="tab">
                       计算机</a>
                   </li>
                <li>
                   <a href="#product_tab_03" aria-controls="messages"   data-toggle="tab">
                       经济学</a>
                   </li>
                <li>
                  <a href="#product_tab_04" aria-controls="settings"   data-toggle="tab">
                  医药卫生</a>
                  </li>
                <li>
                  <a href="#product_tab_05" aria-controls="profile"   data-toggle="tab">
                  心理学</a>
                  </li>
              </ul>
       </div>
       <!-- Tab panes -->
       <div class="tab-content">
           <div role="tabpanel" class="tab-pane active" id="product_tab_01">
               <div class="col-xs-12 col-sm-6 col-md-4">
                   <a href="#" class="product_box active">
                       <div class="product_box_right">
                           <p><b>99</b><sub>元</sub></p>
                           <p>打折价</p>
                       </div>
                       <div class="product_box_left">
                           <h3 class="text-center">
                               <span class="glyphicon glyphicon-briefcase"></span>
                               办公技能全攻略
                           </h3>
                           <div class="col-xs-6 text-left">
                               <p>课程价格</p>
                               <p>200 元</p>
                           </div>
                           <div class="col-xs-6 text-right">
```

197

```html
                                    <p>已报名人数</p>
                                    <p>999</p>
                                </div>
                                <div class="col-xs-6 text-left">
                                    <p>报名期限</p>
                                    <p>10 天</p>
                                </div>
                                <div class="col-xs-6 text-right">
                                    <p>暑期打折</p>
                                    <p>5 折</p>
                                </div>
                            </div>
                        </a>
                    </div>
                    <div class="col-xs-12 col-sm-6 col-md-4">
                        <a href="#" class="product_box">
                            <div class="product_box_right">
                                <p><b>99</b><sub>元</sub></p>
                                <p>打折价</p>
                            </div>
                            <div class="product_box_left">
                                <h3 class="text-center">女子防身术</h3>
                                <div class="col-xs-6 text-left">
                                    <p>课程价格</p>
                                    <p>200 元</p>
                                </div>
                                <div class="col-xs-6 text-right">
                                    <p>已报名人数</p>
                                    <p>999</p>
                                </div>
                                <div class="col-xs-6 text-left">
                                    <p>报名期限</p>
                                    <p>10 天</p>
                                </div>
                                <div class="col-xs-6 text-right">
                                    <p>暑期打 6.6 折</p>
                                    <div class="progress">
                                        <div class="progress-bar" role="progressbar" aria-valuenow=
"60" aria-valuemin="0" aria-valuemax="100" style="width: 60%;">
                                            <span class="sr-only">60% Complete</span>
                                        </div>
                                    </div>
                                </div>
                            </div>
                        </a>
                    </div>
```

```html
<div class="col-xs-12 col-sm-6 col-md-4">
    <a href="#" class="product_box">
        <div class="product_box_right">
            <p><b>99</b><sub>元</sub></p>
            <p>打折价</p>
        </div>
        <div class="product_box_left">
            <h3 class="text-center">公文写作规范</h3>
            <div class="col-xs-6 text-left">
                <p>课程价格</p>
                <p>200 元</p>
            </div>
            <div class="col-xs-6 text-right">
                <p>已报名人数</p>
                <p>999</p>
            </div>
            <div class="col-xs-6 text-left">
                <p>报名期限</p>
                <p>10 天</p>
            </div>
            <div class="col-xs-6 text-right">
                <p>暑期打折</p>
                <p>5 折</p>
            </div>
        </div>
    </a>
</div>

</div>
<div role="tabpanel" class="tab-pane" id="product_tab_02">课程展示 2</div>
<div role="tabpanel" class="tab-pane" id="product_tab_03">课程展示 3</div>
<div role="tabpanel" class="tab-pane" id="product_tab_04">课程展示 4</div>
<div role="tabpanel" class="tab-pane" id="product_tab_05">课程展示 5</div>
</div>
</div>
</div>
```

3．产品展示模块的 CSS 编码

产品展示模块在 index 中实现的 CSS 代码如下。

```css
/*产品模块*/
.xw_product{
    background: #f5f5f5;
    border-bottom: 1px solid #ccc;
    padding: 30px 0;
}
.nav-tabs-product {
```

```css
        border-bottom: 1px solid #ccc;
}
.nav-tabs-product > li {
    float: left;
    padding-left: 20px;
}
.nav-tabs-product > li > a {
    margin-right: 2px;
    line-height: 1.42857143;
    border-radius: 4px 4px 0 0;
}
.nav-tabs-product > li > a:hover {
    background: #f5f5f5;
}
.nav-tabs-product > li.active > a,
.nav-tabs-product > li.active > a:hover,
.nav-tabs-product > li.active > a:focus {
    color: #555;
    cursor: default;
    border: none;
    background: #f5f5f5;
    border-bottom: 3px solid #E92322;
}
.nav-tabs-product.nav-justified {
    width: 100%;
    border-bottom: 0;
}
.nav-tabs-product.nav-justified > li {
    float: none;
}
.nav-tabs-product.nav-justified > li > a {
    margin-bottom: 5px;
    text-align: center;
}
.nav-tabs-product.nav-justified > .dropdown .dropdown-menu {
    top: auto;
    left: auto;
}
@media (max-width: 767px) {
    .nav-tabs-product.nav-justified > li {
        display: table-cell;
        width: 1%;
    }
    .nav-tabs-product.nav-justified > li > a {
        margin-bottom: 0;
    }
```

```css
}
.nav-tabs-product.nav-justified > li > a {
    margin-right: 0;
    border-radius: 4px;
}
.nav-tabs-product.nav-justified > .active > a,
.nav-tabs-product.nav-justified > .active > a:hover,
.nav-tabs-product.nav-justified > .active > a:focus {
    border: 1px solid #ddd;
}
@media (max-width: 767px) {
    .nav-tabs-product.nav-justified > li > a {
        border-bottom: 1px solid #ddd;
        border-radius: 4px 4px 0 0;
    }
    .nav-tabs-product.nav-justified > .active > a,
    .nav-tabs-product.nav-justified > .active > a:hover,
    .nav-tabs-product.nav-justified > .active > a:focus {
        border-bottom-color: #fff;
    }
}
/*页签父层盒子*/
.nav-tabs-product-parent{
    width: 100%;
    overflow: hidden;
}
/*产品盒子*/
.product_box{
    height: 150px;
    width: 100%;
    display: block;
    background: #fff;
    box-shadow:2px 2px 3px 1px #d8d8d8;
    margin-top: 20px;
    font-size: 12px;
    color: #666;
}
.product_box p{
    margin-bottom: 0;
}
.product_box.active{
    background: #E92322;
    position: relative;
}
.product_box .product_box_left{
    overflow: hidden;
```

```css
}
.product_box .product_box_left h3{
    font-size: 16px;
    margin: 10px 0;
}
.product_box.active .product_box_left{
    color: #fff;
}
.product_box .product_box_left > div{
    margin-top: 10px;
}
.product_box .product_box_left > div > p{
    width: 100%;
    height: 20px;
    overflow: hidden;
}
.product_box .product_box_left .progress{
    height: 10px;
}
.product_box .product_box_right{
    float: right;
    width: 108px;
    height: 100%;
    text-align: center;
    position:relative;
    border-left: 1px dashed #ccc;
}
.product_box .product_box_right::before,
.product_box .product_box_right::after{
    content: "";
    position: absolute;
    left: -6px;
    width: 12px;
    height: 12px;
    border-radius: 6px;
    background: #f5f5f5;
}
.product_box .product_box_right::before{
    top: -6px;
    box-shadow:0 -2px 2px #d8d8d8 inset;
}
.product_box .product_box_right::after{
    bottom: -6px;
    box-shadow:0 2px 2px #d8d8d8 inset;
}

.product_box_right p:first-of-type{
```

```
            margin-bottom: 0;
            margin-top: 25px;
            color: #E92322;
        }
        .product_box.active .product_box_right p{
            color: #fff;
        }
        .product_box_right p:first-of-type b{
            font-size: 44px;
        }
        .product_box_right p:first-of-type sub{
            bottom: 0;
        }
        /*工具提示*/
        .toolTip_box{
            position: absolute;
            top: 15px;
            left: 0;
            text-align: center;
            width: 100%;
        }
        .toolTip_box > span{
            height: 15px;
            width: 15px;
            text-align: center;
            line-height: 15px;
            display: inline-block;
        }
```

9.2.10 新闻、合作伙伴与版权模块的分析与实现

1. 模块分析

新闻和合作伙伴模块在 PC 端的显示效果如图 9-28 所示。

图 9-28 新闻和合作伙伴模块在 PC 端的显示效果

在平板计算机上的显示效果如图 9-29 所示。在手机上的显示效果如图 9-30 所示。

图 9-29 新闻和合作伙伴模块在平板计算机上的显示效果 图 9-30 新闻和合作伙伴在手机上的显示效果

根据图 9-28，分析新闻和合作伙伴模块的结构，如图 9-31 所示。

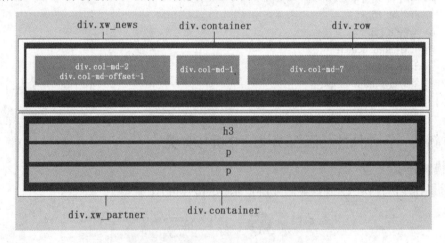

图 9-31 新闻和合作伙伴模块结构设计

新闻和合作伙伴模块结构设计如下。

➢ 新闻模块中的每个页签使用字体图标。

➢ 每一条新闻内容在一个<li>标签内，并包含<a>元素。

➢ 在<li>标签中的<a>元素直接设置字体图标。

➢ 使用媒体查询，设置平板计算机和手机上的不同显示效果。

2．新闻、合作伙伴与版权模块的 HTML 实现

新闻、合作伙伴与版权模块在 index 中实现的 HTML 代码如下。

```html
<!--新闻和合作伙伴模块-->
<div class="xw_news">
    <div class="container">
        <div class="row">
            <div class="col-md-2 col-md-offset-2">
                <div class="news_title">全部新闻</div>
            </div>
            <div class="col-md-1">
                <div class="news_line hidden-sm hidden-xs"></div>
                <!-- Nav tabs -->
                    <ul class="nav nav-tabs-news" role="tablist">
                        <li class="active">
                            <a href="#home" aria-controls="home" data-toggle="tab">
                            <span class="glyphicon glyphicon-list-alt mediaicon"></span>
                            </a>
                        </li>
                        <li >
                            <a href="#profile" aria-controls="profile"    data-toggle="tab">
                            <span class="glyphicon glyphicon-list mediaicon"></span>
                            </a>
                        </li>
                        <li >
                            <a href="#messages" aria-controls="messages" data-toggle="tab">
                            <span class="glyphicon glyphicon-cd mediaicon"></span>
                            </a>
                        </li>
                    </ul>
            </div>
            <div class="col-md-7">
                <!-- Tab panes -->
                <div class="tab-content">
                    <div role="tabpanel" class="tab-pane active" id="home">
                        <ul>
                            <li>
                                <a href="#">
                                    <span  class="hidden-xs">2019-6-6</span> 【最新课程】
公文写作规范将在 2019 年 7 月 6 日—8 月 24 日开课
                                </a>
                            </li>
                            <li>
                                <a href="#">
                                    <span  class="hidden-xs">2019-6-6</span> 【最新课程】
公文写作规范将在 2019 年 7 月 6 日—8 月 24 日开课
                                </a>
                            </li>
                            <li>
```

```html
                            <a href="#">
                                    <span  class="hidden-xs">2019-6-6</span> 【最新课程】
公文写作规范将在 2019 年 7 月 6 日—8 月 24 日开课
                                    </a>
                            </li>
                            <li>
                                    <a href="#">
                                            <span  class="hidden-xs">2019-6-6</span> 【最新课程】
公文写作规范将在 2019 年 7 月 6 日—8 月 24 日开课
                                    </a>
                            </li>
                            <li>
                                    <a href="#">
                                            <span  class="hidden-xs">2019-6-6</span> 【最新课程】
公文写作规范将在 2019 年 7 月 6 日—8 月 24 日开课
                                    </a>
                            </li>
                            <li>
                                    <a href="#">
                                            <span  class="hidden-xs">2019-6-6</span> 【最新课程】
公文写作规范将在 2019 年 7 月 6 日—8 月 24 日开课
                                    </a>
                            </li>
                    </ul>
                </div>
                <div role="tabpanel" class="tab-pane" id="profile">
                    <ul>
                            <li>
                                    <a href="#">
                                            <span  class="hidden-xs">2019-6-8</span> 【最新课程】
女子防身术将在 2019 年 7 月 6 日—8 月 24 日开课
                                    </a>
                            </li>
                            <li>
                                    <a href="#">
                                            <span  class="hidden-xs">2019-6-8</span> 【最新课程】
女子防身术将在 2019 年 7 月 6 日—8 月 24 日开课
                                    </a>
                            </li>
                    </ul>
                </div>
                <div role="tabpanel" class="tab-pane" id="messages">
                    <ul>
                            <li>
                                    <a href="#">
                                            <span  class="hidden-xs">2019-6-8</span> 【最新课程】
```

会计学基础将在 2019 年 7 月 6 日—8 月 24 日开课
```
                                        </a>
                                </li>
                                <li>
                                        <a href="#">
                                                <span  class="hidden-xs">2019-6-8</span> 【最新课程】
```
会计学基础将在 2019 年 7 月 6 日—8 月 24 日开课
```
                                        </a>
                                </li>
                        </ul>
                </div>
            </div>
        </div>
    </div>
</div>
<!--footer 模块-->
<footer class="xw_partner">
    <div class="container">
            <h3>合作伙伴</h3>
            <p class="text-center">
                    <img src="images/mooc.jpg" class="img-responsive"/>
            </p>
            <p>版权所有：江苏学文教育科技有限公司</p>
    </div>
</footer>
```

3．新闻、合作伙伴与版权模块的 CSS 编码

新闻、合作伙伴与版权模块在 index 中实现的 CSS 代码如下。

```
/*新闻模块*/
.xw_news{
        padding: 20px 0;
}
.xw_news .news_title{
        width: 100%;
        border-bottom: 1px solid #ccc;
        font-size: 20px;
        height: 50px;
        line-height: 50px;
        text-align: center;
        position: relative;
}
.xw_news .news_title::after{
        content: "";
        position: absolute;
        bottom: -3px;
```

```css
        right: -6px;
        width: 6px;
        height: 6px;
        border: 1px solid #ccc;
        border-radius: 3px;
    }
    .xw_news .news_line{
        position: absolute;
        top: 0;
        left: 45px;
        height: 100%;
        border-left: 1px dashed #ccc;
        width: 1px;
    }
    /*新闻   tab*/
    .nav-tabs-news {
        border: none;
    }
    .nav-tabs-news > li {
        float: left;
        margin-bottom: -1px;
    }
    .nav-tabs-news > li > a {
        margin-right:0;
        border: none;
        height: 60px;
        line-height: 60px;
        width: 60px;
        border-radius: 30px;
        background: #ccc;
        margin-bottom: 60px;
        padding-top: 10px;
        text-align: center;
    }
    /*针对小屏幕设备*/
    @media screen   and (max-width: 992px) and (min-width: 768px){
        .nav-tabs-news > li > a {
            margin: 20px 40px;
        }
    }
    /*针对超小屏幕设备*/
    @media screen and (max-width: 768px) {
        .nav-tabs-news > li{
            width: 33%;
        }
        .nav-tabs-news > li > a {
```

```css
        margin: 30px auto;
    }
}
@media (max-width: 414px) {
    .xw_news .tab-pane > ul
    {
        margin-left: -35px;
        font-size: 5px;
    }
    .xw_news .tab-pane > ul > li {
        padding: 0px;
    }
}
.nav-tabs-news > li:last-child > a{
    margin-bottom: 0;
}
.nav-tabs-news > li > a > .mediaicon{
    font-size: 30px;
    color: #fff;
}
.nav-tabs-news > li > a:hover {
    border: none;
    background: #E92322;
}
.nav-tabs-news > li.active > a,
.nav-tabs-news > li.active > a:hover,
.nav-tabs-news > li.active > a:focus {
    color: #555;
    cursor: default;
    background-color: #E92322;
    border: none;
    border-bottom-color: transparent;
}
.nav-tabs-news.nav-justified {
    width: 100%;
    border-bottom: 0;
}
.nav-tabs-news.nav-justified > li {
    float: none;
}
.nav-tabs-news.nav-justified > li > a {
    margin-bottom: 5px;
    text-align: center;
}
.nav-tabs-news.nav-justified > .dropdown .dropdown-menu {
    top: auto;
```

```css
            left: auto;
    }
    @media (min-width: 768px) {
        .nav-tabs-news.nav-justified > li {
            display: table-cell;
            width: 1%;
        }
        .nav-tabs-news.nav-justified > li > a {
            margin-bottom: 0;
        }
    }
    .nav-tabs-news.nav-justified > li > a {
        margin-right: 0;
        border-radius: 4px;
    }
    .nav-tabs-news.nav-justified > .active > a,
    .nav-tabs-news.nav-justified > .active > a:hover,
    .nav-tabs-news.nav-justified > .active > a:focus {
        border: 1px solid #ddd;
    }
    @media (min-width: 768px) {
        .nav-tabs-news.nav-justified > li > a {
            border-bottom: 1px solid #ddd;
            border-radius: 4px 4px 0 0;
        }
        .nav-tabs-news.nav-justified > .active > a,
        .nav-tabs-news.nav-justified > .active > a:hover,
        .nav-tabs-news.nav-justified > .active > a:focus {
            border-bottom-color: #fff;
        }
    }
    .xw_news .tab-pane > ul {
        list-style: none;
    }
    .xw_news .tab-pane > ul > li {
        padding: 10px;
    }
    /*合作伙伴模块*/
    .xw_partner{
        background: #f5f5f5;
        padding: 20px 0;
        text-align: center;
    }
    .xw_partner ul{
        list-style: none;
        display: inline-block;
```

```
        padding-left: 0;
    }
    .xw_partner ul li{
        float: left;
        font-size: 60px;
        margin-left: 30px;
    }
    .xw_partner ul li:first-child{
        margin-left:0;
    }
```

9.2.11 项目拓展

参考素材文件"index 拓展.html"中轮播图的实现方式，尝试实现不同的轮播图效果。项目中提供的优化前的 Bootstrap 轮播图效果如图 9-32 所示，优化后的轮播图效果如图 9-33 所示。

图 9-32 优化前的 Bootstrap 轮播图效果   图 9-33 优化后的轮播图效果

参 考 文 献

[1] 刘德山，章增安，孙美乔. HTML5+CSS3 Web 前端开发技术 SS 3/JavaScript 讲义[M]. 北京：人民邮电出版社，2012.

[2] 刘欢. HTML5 基础知识、核心技术与前沿案例[M]. 北京：人民邮电出版社，2016.

[3] 吕国泰，何升隆，曾伟凯. 响应式网页设计：Bootstrap 开发速成[M]. 北京：清华大学出版社，2017.

[4] 黑马程序员. 响应式 Web 开发项目教程[M]. 北京：人民邮电出版社，2017.

[5] 黑马程序员. HTML5 移动 Web 开发[M]. 北京：中国铁道出版社，2017.

[6] 车云月. Bootstrap 响应式网站开发实战[M]. 北京：清华大学出版社，2018.

[7] 李刚. 疯狂前端开发讲义——jQuery+AngularJS+Bootstrap 前端开发实战[M]. 北京：电子工业出版社，2017.

[8] 肖睿，游学军. Bootstrap 与移动应用开发[M]. 北京：人民邮电出版社，2019.

[9] 杨旺功. Bootstrap Web 设计与开发实战[M]. 北京：清华大学出版社，2017.

[10] 赵丙秀，张松慧. Bootstrap 基础教程[M]. 北京：人民邮电出版社，2018.